最實用

圖解

彼得杜拉克

管理的智慧

不懂彼得杜拉克，不算懂管理學

戴國良 博士 著

書泉出版社 印行

自序

彼得‧杜拉克是全世界公認的「管理學」開宗祖師與大師。記得我第一次聽到及看到彼得‧杜拉克的名字，是在三十三年前，即 1980 年。當時，我經過大學聯考，考進政大企管系時，在大一上學期的「管理學」課程中，首次聽到彼得‧杜拉克的名字；然後，課後到政大圖書館借企管書籍時，也看到滿滿都是彼得‧杜拉克的英文原著或中文翻譯書，那時二十歲年輕的我，就對這位管理大師的名字，有很深刻的印象了。如今，三十三年過去了，今天再重拾翻看彼得‧杜拉克在五、六十年前的 1950 年代開始，就能陸續寫出全世界首創的「管理學」教科書著作，感到他真是一位早年的「管理先知」、「管理創見者」與「管理智慧者」，真的是不容易的一位管理奇才；尤其，是在 1950 年的那個久遠年代。

管理學之父：彼得‧杜拉克

彼得‧杜拉克生於 1909 年的歐洲奧地利維也納，1937 年轉往來到美國，1950 年在紐約大學擔任管理學教授，後來轉往洛杉磯克萊蒙特大學教書退休。

彼得‧杜拉克生前寫了三、四十本有關企業管理領域的專書，其著作被譯為二十多種語言，總銷售量超過 1,000 萬本；杜拉克不只是一位管理學教授，也是一位暢銷書作家；同時，他也被美國多家大型企業的董事長聘為該等公司的「管理顧問」；再加上他早期曾在歐洲的報社擔任過記者，因此，彼得‧杜拉克不僅是一位管理學界的理論家；同時，他也有充分且豐富的企業顧問與企業實戰經驗；因此，他也很懂得企管實務。

彼得‧杜拉克即使從大學教授退休後，仍一直不間斷的推出他在管理領域的新著作。即使到了八、九十歲時，他仍然不中斷他對企業管理的研究、著作與思考。這種「活到老、學到老」的毅力與上進精神，真是值得我們後輩學習及效法的。

彼得‧杜拉克於 2005 年 11 月 11 日在美國加州洛杉磯的家中安詳離世，享年九十五歲，這算是高壽了。但大家也深感痛失一位橫跨 20 世紀與 21 世紀，而且見證了傳統管理學到 21 世紀的現代管理學的嶄新發展。

各界對彼得‧杜拉克的稱讚與肯定

👍 《經濟學人雜誌》：「大師中的大師。」

👍 《華爾街日報》：「杜拉克是企業管理的導師。」

👍 美國《商業周刊》：「當代不朽的管理思想大師」、「發明管理的人」。

👍 英特爾總裁：「彼得‧杜拉克是一盞指引我們的明燈，他的著作讓我們走出迷霧，找到方向。」

👍 前美國眾議院議長金瑞奇：「他是 20 世紀最重要的管理學及公共政策的開創者。」

👍 哈佛大學米爾斯教授：「他是一個極有智慧的領導者。」

👍 知名國外企管教授韓第：「杜拉克是第一位管理大師，也是最後一位管理大師。」

👍 2002 年獲頒「總統自由勳章」，這是美國公民所能得到的最高榮譽。

繼續學習、不斷學習、學習永不中斷

彼得‧杜拉克在晚年時，曾接受美國商業媒體專訪時，
當被問到 21 世紀的企業界、企業家、中高階主管及
一般上班族如何面對經營環境的諸多巨變時，彼得‧杜拉克
只語重心長的回答了下面這麼一句話：「繼續學習、
不斷學習、學習永不中斷！」

「管理學」的重要性

本人過去在企業工作二十多年之久，深覺一個中高階主管或是專業經理人，除須具備產業專長與職務專業外，最重要的是擁有良好的「經營」與「管理」知識與技能。

談管理，每個人都以為很簡單，其實真正能成為公司內部優秀「管理者」或「經理人」，實在不容易。

一家成功經營的企業，必然也是一家管理成功的企業，內部一定會有一個優越的「經營團隊」或「管理團隊」(Management Team)；反過來說，則將會是一個失敗的企業。企業的勝敗，關鍵就在「經營」與「管理」。

「管理學」(Management) 幾乎是所有商管學院必修課，也是其他學院的選修課，更是不少企管研究所、高普考及國營事業徵人考試的必考科目。實務上，「管理」知識，也是任何一家企業、工廠、服務業、製造業、科技業等基層主管、中階主管到高階主管應具備的基礎知識、常識及技能。

本書的特色

❖ **內容涵蓋完整，架構清晰**：本書總計有 4 大篇，第 1 篇是本書的核心篇；即是將彼得・杜拉克在其過去主要著作中，摘取其較重要且符合企業實務經驗的觀念、觀點、說法、主張與法則，加以扼要精華的整理、歸納及闡述說明。

第 2 篇是筆者根據過去二十多年來，在企業界工作的親身經驗與心得，整理成「身為主管在領導與管理的 51 個實務分析管理工具、技能與觀念」。

第 3 篇是整理自國內外知名企業或其領導人在他們的「經營」與「管理」方面的成功經驗的歸納與闡述。

最後，第 4 篇則是蒐集與撰寫國外多個大型、知名，而且成功的國際型企業案例，他們在企業經營與管理成功的祕訣分析，藉由這多個各行各業卓越成功的國際型企業的實務個案經驗，可以讓我們對照前面的「企業管理」理論，彰顯出理論＋實務的完整面向。另外，我們也可以從這多個成功的企

業實戰案例，得到更多元化、更多層面、更多高度、更多深度與更多的思考、分析、歸納及學習。畢竟，學習別人的成功，就是使自己更進步。

❖ 圖解輔助，一目了然：本書全面採取一單元一概念的表達方式，透過圖表對照精簡呈現，有助閱讀者迅速理解管理學的精華及內涵所在。

❖ 理論兼具實務，相得益彰：「管理學」雖是一門基礎的理論學問，但畢竟要講求實務應用性，對企業才有價值性及貢獻性。嚴格來說，管理學並沒有艱深的學問，只是一門「藝術＋科學」的應變思維與行動；管理學也沒有一套放諸四海皆準的單一成功模式。只要是成功卓越的企業，都有其可敬可佩的管理模式：鴻海郭台銘、台塑王永慶(已故)、遠東集團徐旭東、統一企業高清愿、統一超商前總經理徐重仁、台積電張忠謀或是富邦金控等各大企業或最高經營者，都有各自獨特的企業文化、領導風格及管理模式。管理「理論」是基礎，但重在「實踐」。

❖ 旨在培養一個全方位優秀的「管理者」：本書內容完整，可以讓讀者養成一個成功優秀的基層、中層及高層的管理者。

感謝、感恩與祝福

　　衷心感謝各位讀者購買，並且用心認真的閱讀本書。本書如果能使各位讀完後得到一些學習、啟發與進步，就是筆者最感欣慰了。因為筆者把數十年所學轉化為知識訊息，傳達給各位後進有為的年輕大眾，能為你們種下這塊福田，是筆者最大的快樂。

　　祝福每位讀者都能走一趟快樂、幸福、成長、進步、滿足、平安、健康、平凡而美麗的人生旅途。沒有各位的鼓勵支持，就沒有本書的誕生。在這歡喜收割的日子，榮耀歸於大家的無私奉獻。再次，由衷感謝大家，深深感恩，再感恩。

戴 國 良

mail：hope88@xuite.net

目次

第2篇　管理的智慧

第1章
聯強國際公司總裁杜書伍的管理概念

第2章
韓國三星成長三百倍的祕密

第 3 章
統一超商創新經營學

第 4 章
臺灣流通教父徐重仁的領導經營祕訣

第 5 章
阿瘦皮鞋的經營管理與品牌行銷

第 6 章
全球第一大電子商務公司—亞馬遜帝國成功學

第 7 章
日本 UNIQLO

第 8 章
王品集團

第 9 章
個案分析

第 3 篇　經營管理實務

第 1 章
實用管理工具、技能與觀念

第 2 章
人才缺乏與人才管理

第 3 章
破壞式創新與管理

附錄

第1篇

彼得・杜拉克
管理精華理論

1-1 管理是一項專業與實務

　　彼得‧杜拉克說：「管理是一種實務，而不只是一門科學或一種專業。」管理者若學習專業的管理理論，卻無法活用在所負責的管理事務上，拿不出漂亮的經濟績效，學再多也是枉然。

一、「管理」的意涵與重要性

　　彼得‧杜拉克在他的專著中，特別強調管理的重要性；他說：「在人類社會演進的過程中，管理的出現，無疑是一個重大的轉捩點。未來西方文明將延續多久，管理就有可能持續扮演主導這個社會制度的角色，管理傳達了現代西方社會的基本信仰。」杜拉克又十分用心的找一些醫學專業用語，來詮釋這個新領域，例如他說：「什麼是管理呢？管理定意要做些什麼事呢？其實，管理就像是人體的一個器官，我們必須從它的功能來界定這個器官。」杜拉克又強調說：「管理是關乎人的；因此管理的任務，就是要讓組織中的一群人有效的發揮其長才，盡量避開其短處，從而讓他們共同做出績效來。」

　　杜拉克的管理，是一種文化與價值系統；因為管理也是一種方法，透過這個方法，使社會本身的價值及信念具有高度生產力；其實管理已經變成一個真正的世界經濟制度了。總之，管理就是一項世界共同的根本信仰，凡是有管理的地方，就是有文明的地方。

二、管理的對象功能與任務

　　彼得‧杜拉克認為，從一個具體的組織來看，管理基本上具備有下列三項功能：一要管理該組織所從事的事業；二要管理經理人；三要管理員工與工作。

　　杜拉克進一步指出，管理有三項重要但本質不同的任務；管理階層們必須執行這些任務，才能使組織順暢運作：一是要執行組織的特定目的與使命；二是使工作具有生產力價值並讓員工有成就感；三是經營社會影響力與善盡社會責任。

三、管理是一種效率與效能的綜合

　　杜拉克強調「管理」其實不是控制或控管，而是一種效率與效能的大綜合。大到世界，小到個人，其實處處都需要管理。唯有透過有效與積極的管理，才能將資源轉換為生產力價值，才能將產品與服務轉換為顧客購買力；最後，將顧客購買力轉換成企業營收額及獲利額。

　　杜拉克希望更多人們學到如何管理，因此，寫出了知名的《彼得‧杜拉克的管理聖經》一書，並希望讓管理成為一門學科。杜拉克確實是第一位發明了「管理學」，並展開了他人生的管理探索之旅。

「管理」的定義與意涵

管理？(Management)

1. 管理是關乎人的！ → 管理的任務就是要讓組織中的一群人有效的發揮其長才，從而讓他們共同做出績效來！

2. 管理是一種實務！

3. 管理是一種文化與價值系統！

4. 管理是一種方法！

5. 最後希望發展組織生產力價值，對社會做出貢獻！

 「管理」的 3 種對象功能

 管理

- 管理該組織所從事的事業！
- 管理就是管理好組織一群經理人！
- 最後，才是管理員工與工作！

管理的 3 項任務

1. 要執行組織的特定目的與使命！

2. 要使工作具有生產力價值，並讓員工有成就感！

3. 要經營社會影響力，並善盡應有的社會責任！

知識維他命

管理是一種實務

從左述話語可見，杜拉克是一個經驗主義管理學派的代表，他主張蒐集各家企業出色之管理者的經驗俾供企業管理之前車之鑑，「他山之石，可以攻錯」，各管理者可將前人之經驗加以歸納綜合，再視自己企業的需要而訂立目標，規劃策略。

管理是一種藝術，如何平衡短期與長期之目標，如何管理各式各樣的員工，端賴管理者累積之經驗。「戲法人人會變，各有巧妙不同。」管理之方式雖可以理論解釋，但「一樣米養百樣人」，管理與人有關，人有學習之本能，加上家家公司成立背景不同，故管理不像自然科學可歸納出不變的定律，管理學的發展要靠不斷的實踐。

彼得・杜拉克管理哲學思想的形成

　　管理學大師中的大師彼得・杜拉克已於 2005 年 11 月去世，享年九十五歲高齡，對於這位影響全球產、官、學界的管理大師，他的辭世，大家同感惋惜。他曾於生前提到成為世界上最有錢的人，對他毫無意義，因為他很早就了悟資產管理工作對社會不是一種貢獻，而是人的行為，才是值得重視及探討的關鍵。

一、人才是管理的重點

　　1930 年代初期，他在倫敦的投資銀行工作，有一陣子每天到劍橋大學旁聽凱因斯的課，這令他恍然大悟。他對於賺錢、商品並不感興趣，不認為資產管理工作是一種貢獻，因為他真正好奇的，是人的行為，「成為世界上最有錢的人，對我毫無意義。」所以，他在看企業、社會管理時，也都以人的角度出發，《華爾街日報》曾經如此分析他對管理的看法。例如：員工是最重要的資產，組織必須提供知識工作者發展的空間，因為薪水買不到忠誠；顧客買的不是產品，而是滿足；資質平庸無所謂，人要把自己放在最有貢獻的地方。談到任何問題時，他總是不忘提到：「人，才是重點。」

　　《彼得・杜拉克的世界》作者貝堤就提到，他最常談的是價值、品格、知識、願景、知識……，「唯有金錢，他很少提及。」

二、大師中的大師

　　他的工作方式也是成功的要因。他強調要專注，把個人的優勢投注在最關鍵的事情，因為他認為「很少人能同時做好三件事情。」所以他總能問出核心的問題，而且幫助許多人解決困惑及疑難。

　　華爾街帝傑 (Donaldson Lufkin & Jenrette) 投資銀行的創辦人洛夫金，就對此印象深刻。1960 年代，公司剛成立不久時，他曾就教於彼得・杜拉克。當他問彼得・杜拉克是否該發展哪些商品、該採取什麼策略時，彼得・杜拉克總是答：「不知道。」

　　「那儞你做什麼？」洛夫金問。

　　「我不會給你任何答案，因為世上有許多種不同的方法能解決問題，不過我會給你該問的問題。」彼得・杜拉克回答。

　　於是他們開始一問一答的交談。彼得・杜拉克之後也不斷重複、提醒世人；洛夫金之後也不斷自我探詢「我們是誰」、「我們想做什麼」、「有什麼優勢」、「該怎麼做」。「每年都有幾百本管理書問世，但只要讀彼得・杜拉克就好了。」《華爾街日報》說，因為他就像是文藝界的莎士比亞，因為他是《經濟學人》讚頌「大師中的大師」。

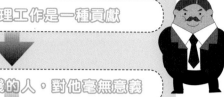

不認為資產管理工作是一種貢獻

成為世界上最有錢的人，對他毫無意義

對人的行為感到好奇

| 價值 | 品格 | 知識 | 願景 | 知識 |

人才是管理重點

彼得・杜拉克管理哲學思想的形成

第一章　彼得・杜拉克管理精華理論

管理學大師中的大師：彼得・杜拉克

工作方式是成功的要因

專注

很少人能同時做好三件事情

不會給任何答案，
但會給該問的問題

因為世上有許多種不
同的方法能解決問題

大師中的大師

被譽為管理界的莎士比亞

不斷自我探詢我們是誰、
我們想做什麼、有什麼優
勢、該怎麼做等問題。

問出核心問題

現代管理學之父的彼得・杜拉克雖已過世，但其管理學論點將永被流傳。本處將其六大核心管理觀點分三單元介紹。

一、企業唯一的目的，在於創造顧客

「顧客第一」這四個字，如今已是眾所周知的企業經營法則，然而，杜拉克卻是在1954年出版《彼得・杜拉克的管理聖經》時便指出，企業的目的只有一個正確而有效的定義，即創造顧客。換句話說，企業究竟是什麼，由顧客決定。因為唯有當顧客願意購買商品或服務時，才能將經濟資源轉變為商品與財富。

既然顧客是企業唯一目的，也攸關事業本質究竟是什麼，因此杜拉克又提出幾個關鍵問題，以深入了解顧客：1. 釐清真正的顧客是誰？潛在顧客在哪裡？他們如何購買商品及服務？最重要的是，如何才能接觸到這群顧客？這些問題不但會決定市場定位，也會影響配銷方式；2. 在了解顧客輪廓、接觸顧客之後，杜拉克接著又問顧問買的是什麼？他舉例說明，花大錢購買凱迪拉克 (Cadillac) 的顧客，買的是代步工具或汽車象徵價值？他選舉出一個極端例子，指出凱迪拉克的競爭對手說不定是鑽石或貂皮大衣，以及 3. 在顧客心中，價值是什麼？杜拉克指出，價格並非價值唯一衡量標準，顧客還會將其他因素納入考量，包括產品是否堅固耐用或售後服務品質等。

藉由提出「沒有顧客就沒有企業」這樣一個簡單概念，杜拉克扭轉傳統視「生產」為企業主要功能的偏差，引領行銷與創新的新思維。

二、員工是資源，而非成本

《企業的概念》一書，除了造成聯邦分權制度風行外，也引發另一個有趣的管理議題，亦即呼籲通用汽車應將工人視為資源而非成本。回溯1950年代左右，絕大部分人都認為，現代工業生產的基本要素是原料和工具，而不是人；也因此很多人誤以為現代生產制度是由原料或物質支配，遺忘人的組織才是創造生產奇蹟的關鍵。畢竟，只要是人的組織，就能隨時發展新的原料、設計新機器、建造新廠房。

傳統勞資關係普遍認為，員工只要能領到高薪就很開心，根本不關心工作和產品，杜拉克則率先指出這樣的觀念是錯誤的，主張員工應該被視為資源或資產，而非企業極力想要抹除的負債。因為員工並不甘於只被當成一個小螺絲釘，在生產線上做著機械化的動作，他們會渴求有機會了解工作、產品、工廠和職務；更重要的是，他們不但願意學習，而且還渴望扮演更積極的角色——透過工作累積經驗，發揮他們的發明力和想像力，從而提出種種建議，以提升效率。

彼得・杜拉克6大核心管理觀點

1. 企業唯一的目的，在於創造顧客
(The Purpose of Business is to Create Customers)

杜拉克藉由提出「沒有顧客就沒有企業」這樣一個簡單概念，扭轉了傳統視「生產」為企業主要功能的偏差：

- 釐清真正顧客是誰？潛在顧客又在哪裡？他們是如何購買商品及服務的？如何才能接觸到這群顧客？這些問題不但會決定市場定位，也會影響配銷方式。
- 在了解顧客的輪廓、接觸到顧客之後，要問「顧客買的是什麼？」
- 「在顧客心目中，價值是什麼？」因價格並非價值的唯一衡量標準，顧客還會將其他因素納入考量，包括產品是否堅固耐用，抑或售後服務的品質等。

2. 員工是資源而非成本 (Worker is a Resource, not a Cost)

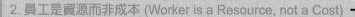

過去傳統觀念認為，現代工業生產的基本要素是原料和工具而不是人，員工只要能領到高薪就很開心，根本不關心工作和產品，杜拉克則率先指出這樣的觀念是錯誤的，主張員工應該被視為資源或資產：

- 因為員工並不甘於只被當成一個小螺絲釘，在生產線上做著機械化的動作。
- 員工心中會渴望更認識和了解工作、產品、工廠和職務。
- 更重要的是，他們不但願意學習，而且還渴望扮演更積極的角色──透過在工作上所累積的經驗，發揮他們的發明能力和想像力，從而提出種種的建議，以提升效率。

3. 目標管理與自我機制 (Management by Objectives and Self Control)

4. 知識工作者 (Knowledge Worker)

5. 創新與創業精神 (Innovation and Entrepreneurship)

6. 效率與效用 (Efficiency and Effectiveness)

知識維他命

企業是人們努力的成果

企業是一個「人類組織」的概念，是由杜拉克所原創。他在二次大戰期間於通用汽車進行研究時，便看見了「企業是人們努力的成果」，而組織乃是結合一群平凡人、做不平凡的事。因此，企業應建立在對人的信任和尊重之上，而非只把員工當成是創造利潤的機器。

從本文介紹，我們會發現，知識型社會和知識工作者，可說是杜拉克歷年作品中的一大主題。

三、目標管理與自我控制

在杜拉克的「發明清單」中，最常被提及，也可說是最重要及影響最深遠的一個概念，就是目標管理；而透過目標管理，經理人便能做到自我控制，訂定更有效率的績效目標和更宏觀的願景。不過，杜拉克也認為，由於企業績效要求的是，每一項工作都必須達到企業整體目標為目標，因此經理人在訂定目標時，還必須反映企業需要達到的目標，而不只是反映個別主管的需求。

目標管理之所以能促使經理人達到自我控制，是因為這個方式改變了管理高層監督經理人工作的常規，改由上司與部屬共同協商出一個彼此均同意的績效標準，進而設立工作目標，並且放手讓實際負責日常運作的經理人達成既定目標。乍看之下，目標管理和自我控制均假設人都想要負責、有貢獻和獲得成就，而非僅是聽命行事的被動者。然而，雖然經理人有權、也有義務發展出達成組織績效的諸多目標，但是杜拉克也認為高階主管仍須保留對於目標的同意權。

四、知識工作者

杜拉克是第一個提出「知識工作者」這個「新名詞」（今天看來，當然一點也不新）的人，也率先為我們描繪出未來「知識型社會」的情景。對於永遠走在別人前面的杜拉克而言，首先提出這個已成為勞動人口主力的名詞，當然不足為奇，但到底有多早？答案在他 1959 年出版的《明日的里程碑》一書。《企業巫醫》一書的作者則是指出，杜拉克自大學畢業後，先拒絕成為銀行家的機會，接著又與學術界保持一個似近又遠的關係，他或許就可稱為最早、最典型的知識工作者。

早在 1950 年代，杜拉克便看出美國勞動人口結構正朝向知識工作者演變。在他看來，教育的普及使得真正必須動手做的工作逐漸消失。不過，這並不表示今天所有的工作，必定都需要接受更多的教育才能進行；相反地，知識工作和知識工作者的興起，有相當程度其實是因為供給量變多，而非全然是需求增加所致。

到了《杜拉克談未來企業》一書，杜拉克更進一步確立知識型社會。在資本主義制度下，資本是生產的重要資源，資本與勞力完全分離；但是到了後資本主義社會，知識才是最重要的資源，而且是附著在知識工作者身上。換言之，藉由學會了如何學習，並且終其一生不斷地學習，知識工作者掌握了生產工具，對於自己的產出享有所有權，他們除了需要經濟誘因之外，更需要機會、成就感、滿足感和價值。

| 1. 企業唯一的目的，在於創造顧客 | 2. 員工是資源而非成本 |

3. 目標管理與自我機制

- 目標管理 (Management by Objectives) 是杜拉克「發明清單」中影響最深遠的一個概念。
- 透過目標管理，經理人便能做到自我控制 (Self-Control)，訂定更有效率的績效目標和更宏觀的願景。
- 企業績效要求的是每一項工作都必須以達到企業整體目標為目標，經理人訂定目標時，必須反映企業需要達到的目標，而不只是反映個別主管的需求。
- 經理人有權、也有義務發展出達成組織績效的諸多目標，但高階主管仍須保留對於目標的同意權。

4. 知識工作者 (Knowledge Worker)

- 第一個提出「知識工作者」這個新名詞，也率先為我們描繪出未來「知識型社會」(Knowledge Society) 的情景。
- 世界逐漸由「商品經濟」轉變為「知識經濟」之外，管理型態將隨之改變。
- 知識工作者固然多半扮演部屬的角色，但常常也是主管，甚至更想當自己的老闆。
- 知識工作者的管理將是經理人必須面對的課題之外，也對於知識工作者在這個既非老闆，也非員工的新世界中將如何自處的問題多所著墨。

| 5. 創新與創業精神 | 6. 效率與效用 |

知識維他命

許士軍教授對彼得‧杜拉克的肯定──以管理實踐社會公益

許士軍教授曾為文提及，人們推崇杜拉克是一位管理學大師，也是企業界的導師，這是比較表面的說法。基本上，他所關注和感興趣的，是增進人類社會福祉。

依杜拉克自己的說法，他初到美國之際，最盼望研究的，既不是企業也不是管理，而是美國這種工業社會的政治和社會結構。只有立足此一較高境界，才能真正了解他為何重視企業與管理的本意。

杜拉克對社會所秉持的信念，依他在近年的一次訪問中所說，這些年下來，他「愈來愈相信，世界上並沒有一個完美的社會，只有勉強可以忍受的社會。」幸運的是，人們可以想辦法改善社會。

管理的最終目的，是為了使人們有能力實現「公益」。因此，管理也當建立在正直、誠實和信任等價值之上，而非作業性和技術性的經濟活動。在杜拉克心目中，管理乃是整個世界和人類前途的一種力量，而管理新社會而非新經濟，正是今後經理人所面臨的最大挑戰。杜拉克對於企業和管理的創見和貢獻，已為大家所熟知。我們如今了解、支持和推動他這種脫俗的思想和動機，嚴格說來，他不是一個管理學者，而是一位以管理為最愛的偉大社會思想家。

　　杜拉克指出，聰明人做起事來，通常效能超差，主要是因為他們未能體悟到卓越的見識，並無法等同於成就本身。以下有更詳細的說明。

五、創新與創業精神

　　早在《彼得・杜拉克的管理聖經》裡，杜拉克便曾提出行銷與創新是企業的兩大功能。簡而言之，創新就是提供更好、更多的商品和服務，不斷地進步、變得更好。但是，真正奠定杜拉克在創新和創業精神這個領域地位的，則是他在1985年出版的《創新與創業精神》這本書。

　　杜拉克在該書的序言說道：「本書將創新與創業精神當作一種實務與訓練，不談創業家的心理和人格特質，只談他們的行動和行為。」換言之，杜拉克談的是「創新的紀律」(The Discipline of Innovation；這同時也是他在1998年刊登於《哈佛商業評論》的文章篇名)，他認為成功的創業家不會等待「繆斯女神的親吻」，賜予他們靈光一閃的創見；相反地，他們必須刻意地、有目的地去找尋只存在於少數狀況中的創新機會，然後動手去做，努力工作。他接著談論創業精神在組織裡如何落實，希望了解究竟哪些措施與政策，能成功孕育出創業家；同時為提倡創業精神，組織和人事制度應如何配合、調整；另外也談及實踐創業精神時常見的錯誤、陷阱和阻礙。最重要的是，如何成功地將創新導入市場；畢竟，未能通過市場檢驗的創新，只不過是走不出實驗室裡的絕妙點子而已。

六、效率與效用

　　1966年，杜拉克出版了《有效的經營者》一書，如今人人耳熟能詳到以為是古老俗諺的「效率是把事情做對；效用是做對的事情」這句名言，便是出自該書的一開始；而從這句話所引出來的概念也同樣精彩，包括：「管理是把事情做對；領導則是做對的事情」、「做對的事情，比把事情做對更為重要」等等。

　　在杜拉克看來，隨著組織結構從過去仰賴體力勞動者的肌肉和手工藝，轉型到仰賴受過教育者「兩耳之間的腦力」，組織不能繼續停留在追求效率這件事，而是要進而要求和提升知識工作者的效能。相較於效能，效率是一個簡單的概念，就好像是評估一個工人一天生產了幾雙鞋，而每雙鞋的品質如何。但是效能就涉及比較複雜的概念了，因為一個人的智力、想像力和知識，都和效能關係不大，唯有付諸實際行動，辛苦地工作，才能將這些珍貴資源化為實際的成效與具體的成果。

　　杜拉克指出，聰明人做起事來，通常效能超差，主要是他們從來不知道，精闢的見解，唯有經過有嚴謹、有系統地辛勤工作，才會發揮效能。

1. 企業唯一的目的，在於創造顧客
   (The Purpose of Business is to Create Customers)

2. 員工是資源而非成本 (Worker is a Resource, not a Cost)

3. 目標管理與自我機制 (Management by Objectives and Self Control)

4. 知識工作者 (Knowledge Worker)

5. 創新與創業精神 (Innovation and Entrepreneurship)

彼得‧杜拉克6大核心管理觀點

- 成功的創業家必須刻意地、有目的地去找尋只存在於少數狀況中的創新機會，然後動手去做，努力工作。
- 創業精神在組織裡如何落實，希望了解究竟是哪些措施與政策，能夠成功孕育出創業家。
- 最重要的是，如何成功地將創新導入市場。

6. 效率與效用 (Efficiency and Effectiveness)

- 效率是把事情做對；效用是做對的事情。
- 組織不能停留在追求效率，而是要進而要求和提升知識工作者的效能。
- 精闢的見解，唯有經過嚴謹、有系統地辛勤工作，才會發揮效能。畢竟，「to effect」(發揮成效)和「to execute」(付諸執行)幾乎是同義詞，在組織裡埋頭苦幹的人，只要一步一步走得踏實，終將成為龜兔賽跑裡的贏家。
- 真正有效的管理者會更進一步要求自己「把對的事情做好」，將自己所習得的知識、理論與概念實際應用到工作上，並獲致卓著績效，從而對組織發揮貢獻。

1-6 彼得・杜拉克的管理哲學思想

筆者整理出杜拉克累積六十多年偉大管理哲學思想，可說環繞著以下重點。

一、企業經營最終目標是顧客滿意

在1954年彼得・杜拉克的《管理聖經》提出「顧客滿意」第一時，很多人不了解，因為當時大家認為顧客是「雞蛋」，工廠老闆是「石頭」，雞蛋碰石頭，當然雞蛋破，何必把顧客抬得這樣高呢？可是今日，有誰能否定「顧客主權」的至高地位？先有了「顧客滿意」，「合理利潤」就容易得到，水到自然渠成。

二、目標管理才能達成顧客滿意及合理利潤

從最高主管到作業員為止，都要先把各階層、各部門、各人的長短期目標及標準訂定清楚，讓大家都明白訂這些目標、標準背後更高層的理由，並且上下目標體系要環環相扣，亦即公司「目標網」要完整，不可有破網。用「目標管理」的目標及成果來要求部屬，比只用冷酷的手續及法規來管理部屬更具激勵及彈性。

三、管理是責任履行不是權力動用

管理者是支持者，不是暴君。所以當上級主管的人，應以謙沖支持者的立場，全心全力協助部屬完成責任目標，而不是以驕傲的立場，動用懲罰性、恐嚇性的用人及用錢權力，來虐待壓制部屬。

四、企業經營要靠專業管理

公司從班長、課長、經理、協理、副總經理，到總經理等職位，要用受過專業訓練的專業經理人，連公司董監事會的成員及董事長也要有專業經理人的背景訓練，才不會把公司帶入過度冒險及敗德違法風暴，「公司治理」自然做得好。

五、知識經濟時代的知識工作者

21世紀是知識經濟時代，公司絕大多數員工都是高等教育的知識工作者。發揮知識員工的生產力，是未來企業成功的基石。管理知識員工如同對待同等身分的夥伴及合作者，因為他們可能有朝一日，躍升成為你的上司。

六、知識經濟特別重視創新

知識經濟的特別重視創新，但是創新也要以顧客為市場導向，也需要組織及管理，才不會使創新變成浪費。

七、資訊科技很重要

資訊科技固然重要，但重心應多放在外部環境新資訊「情報」的取得，而非內部舊資訊處理的「科技」改進；否則會變成為科技而科技、為機器而機器的現象。

八、非營利事業組織愈來愈多

　　彼得‧杜拉克也認為非營利事業組織在未來社會的比重會愈來愈大，如政府、醫療、教育、慈善基金、宗教、退休金、文化、藝術、健康等等，所以不僅營利事業需要有效管理，連非營利事業也更需要有效管理，這樣國家生產力才會充分發揮，真正提高人民的福祉。

彼得‧杜拉克 8 大管理哲學思想

工作方式是成功的要因

1. 企業經營的最終目標是「顧客滿意」，不是「老闆滿意」，也不是「最大利潤」。

2. 要達成「顧客滿意、合理利潤」最有效的方法，就是「目標管理」。

3.「管理」是「責任」的履行，不是「權力」的動用。

4. 企業經營有效要用專業管理，不是用隨意管理。

5. 知識經濟時代的知識工作者，管理知識員工要如同對待同等身分，因為他們有可能會躍升為你的上司。

6. 知識經濟重視創新，也要以顧客為市場導向。

7. 資訊科技固然重要，但重心應多放在外部環境新資訊「情報」的取得，而非內部舊資訊處理的「科技」改進。

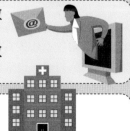

8. 非營利事業組織在未來社會的比重會愈來愈大。

1-7 學習不間斷，才能和契機賽跑

　　曾有記者問彼得・杜拉克：「您在書中說到，現今在新組織當中的舊經理人是面臨挑戰最大的一群。如果今天一名四十歲的經理人來到您面前，請您對他下個階段的生涯發展提出一些建議，您會怎麼說？」以下我們就來看看彼得・杜拉克的回答。

一、我只有一句話：繼續學習！

　　彼得・杜拉克回答記者說他只有一句話：「繼續學習！」

　　學習還必須持之以恆。離開學校五年的人的知識，就定義而言已經過時了。

　　美國當局如今要求醫師每五年必須修複習課程及參加資格重新檢定考試。這種作法起初引起受檢者的抱怨，不過這些人後來幾乎毫無例外的，對外界的看法有了改變，以及為自己忘掉多少東西而感到驚訝。

　　同樣的原則，也應該應用到工程師，尤其是行銷人員的身上。因此，經常重返學校，而且一次待上一個星期，應該要成為每一位經理人的習慣之一。

　　許多大公司目前都在建立內部的教育設施，但我建議這要小心為妙。因為內部訓練通常有強調及強化固定觀點的毛病。為了開拓視野、質疑通俗的信念、養成有組織性的拋棄習慣，最好是讓員工面對多樣化及挑戰。為了這些目的，經理人應該接觸為不同公司工作、以不同方法辦事的人。

　　想要在挑戰性的世界之中擔任一名主管，同時，還能夠產生並且維持效能，必須要注意上述的若干要點。

　　這世界充滿了契機，因為改變即是契機。我們處於一個風起雲湧的時代，而變化起自如此不同的方向。

　　處於這種情勢之下，有效能的主管必須能夠體認契機，並且和契機賽跑，還要保持學習，經常刷新知識底子才行。

二、終身學習：決心像個新聞記者一樣

　　杜拉克在德國《法蘭克福商報》擔任記者，必須寫到許多主題，所以決定在更多的範疇進行涉獵，以便成為一位稱職的記者。後來他漸漸發展出一套自我學習的系統來，直到九十五歲高齡仍奉行不渝。

　　每隔三～四年，他會挑選一項新主題加以研究，不論是統計學、中世紀史、日本藝術或經濟學，或許花上三年時間還無法精通該項主題，但至少足夠讓他有基本的了解。六十多年來，他隨時保持學習一門新東西的狀態。這不但讓他累積了相當可觀的知識，也使他能督促自己保持開放的態度，來面對每一種新學科、新方法：對每個新的研究主題，都能做出不同的假設，並應用不同的方法學。

彼得・杜拉克的學習觀

杜拉克的人生學習觀！

1. 學習不間斷，
   才能和契機賽跑！

2. 我只有一句話：
   繼續學習！

3. 終身學習！
   （每隔 3~4 年，學
   習一個新的主題）

 → 離開學校 5 年以上！ → 所學知識 已過時了！ → 學習，必須持之以恆，永不中斷！

 → 這世界，每天充滿了改變！ → 但不要害怕改變！

因為每一次改變，
就帶來一次更加
成長的契機啊！

1-8 如何學習的八種方法與途徑

綜合歸納諸多成功企業家或成功高階經理人的學習方法或途徑，大致有如下八種，茲扼要說明之。

一、做中學

在日常(每天)的工作中，你必然可以學到一些新的東西，包括：觀念、作法、想法、點子、技能……等。

二、會議學習

大型公司或集團企業，必定會舉行各式各樣大大小小的會議，包括：企劃會議、檢討會議、擴大主管會議、業績會議、財務會議、投資會議、海外投資會議、廣告會議、公益活動會議、研發會議、商品開發會議……等，如果有機會參加，應該多在會議中學習各不同領域的專業知識與實務常識。

三、向好的長官及老闆學習

公司內部仍會有優秀的各部門長官或直屬長官或公司老闆，他們必有可供學習之處，學習他們的優點、特色、特質、長處、技能、表達力、思考力、觀點力及決策力等。

四、尋求上課或進修機會

不管是研究所、大學或外部專業機構所開的課程或學位，都有一些值得進修的機會。

五、自我閱讀學習

每天、每週、每月都要看很多外面出刊的專業性或財經性或商業性的專業性書報雜誌、期刊、產業報告、公司上市年報……等，追求抓住外面契機的變化。

六、出國參展、出國考察學習

到先進國家美國、歐洲、日本、韓國、東南亞或中國大陸參展及出國考察學習，都可使自己增長見聞，看到先進國家、先進市場、先進公司、先進技術的實況。所謂「讀萬卷書，不如行萬里路」，即是此意。

七、學中做

在學習中工作，就是把學到的、看到的、摸到的、思考到的，實際應用到自己立即的工作上，就是「現學現用」的意思。

八、積極參加內部進修

用心參加公司或集團內部的各種研修、培訓活動。

如何學習的方法與途徑

個人學習進步的8種途徑

1. 做中學 (learning by doing)

2. 會議學習 (meeting learning)

3. 好的長官及老闆學習

4. 尋求上課或進修機會

5. 自我閱讀學習

6. 出國參展、出國考察學習

7. 學中做 (doing by learning)

8. 積極參加內部進修

彼得‧杜拉克認為學歷好，在初出社會應徵工作時，當然是強項；但是他認為學歷的優勢能夠維持多久，則是個問號。反倒是「出社會以後如何更加努力工作，讓自己在該行業中成長並出人頭地」，以及「學到學歷以外的長處優點為何」，則是更為重要的。

一、成功的人，都是貫徹終身學習的

杜拉克還認為大學只有四年學習知識的有限時間，但是每個人的工作生涯時間至少有三十年之久；當然三十年時間的學習及歷練，遠比大學四年時間更為重要了。所以，杜拉克強調終身學習的重要性。而在終身學習中，他提出下列五點要注意：要有紀律性、要有堅持性、要有計畫性、要有目標性，以及要有檢討性。杜拉克強調，只有做到這五點，才算是真正成功的終身學習及終身成長！

二、長處就好比是「容器」

杜拉克認為每個經理人都應該建立及打造出自己獨特的長處或優點。杜拉克所說的「長處」就像是「容器」。

這個「容器」，指的相當廣泛，它除了是技術、技能、專長之外；更包括其他更重要的東西，即包容力、適應力、遠見力、能站在高度力，以及能全方位思考與洞察等六項。

杜拉克認為，如果能做到這六項，那這個經理人一定要非常具有長處與卓越的經理人。

三、朝向多元專長的努力

杜拉克年輕時，曾在德國《法蘭克福商報》擔任記者，他每二～三年就更換主跑路線及研究新課題，從此經驗中，他透過不同領域的專長，使他更加速的多元化成長、成熟。

後來，杜拉克也提出後輩經理人或身為管理者，不要局限於只是某一個專長領域，如果能夠有二個、三個或更多領域專長及強項，那麼你要出人頭地的機會將會更多，而要高升機會也會更有競爭優勢被上級長官挑選到。

四、產業專長＋功能專長要兼具並重

最後，杜拉克認為，要晉升到公司高階主管人員，不只是具備自己的功能專長而已；另外，對自己所工作領域的行業或產業或市場，也要建立起自己的權威性及熟稔性，做到「產業專家」的目標，則是最好的狀況了。

學歷只是敲門磚，並非最重要

高學歷？ ▶ 初出社會
找工作有幫助！ ▶ 但 5 年後，學歷
就不再重要了！ ▶ 而是看，
你在社會工作中的
努力程度而決定！

成功終身學習 5 大注意點

1. 要有目標性
2. 要有計畫性
3. 要有紀律性
4. 要有堅持性
5. 要有檢討性

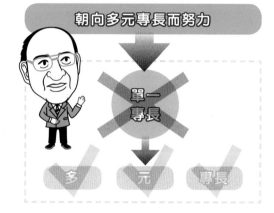

朝向多元專長而努力

單一專長 ✗

多 ✓　元　專長 ✓

👉 個人長處強項的多元意涵

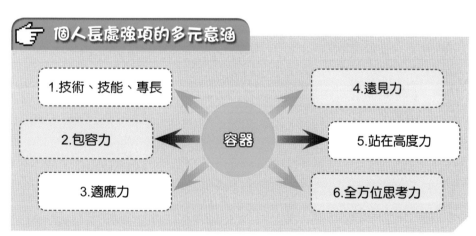

1. 技術、技能、專長
2. 包容力
3. 適應力

容器

4. 遠見力
5. 站在高度力
6. 全方位思考力

產業專長
+
功能專長
並重

▶ 產業專長
（行業） ＋ 功能專長 ＝ 最強的經理人

　　談管理，一般以為簡單，其實不容易。一家成功經營的企業，必然也是一家管理成功的企業，內部一定會有一個優越的經營團隊或管理團隊；反之，則會是一個失敗的企業。因此，企業的勝敗，關鍵就在經營與管理。但管理是什麼呢？

一、管理定義面面觀

　　（一）主管人員運用所屬力量完成：管理是指主管人員運用所屬力量與知識，完成目標工作的一系列活動，即運用土地、勞力、資本及企業才能等要素，透過計畫、組織、用人、指導、控制等系列方法，達到部門或組織目標的各種手法。

　　（二）本身是一種程序：管理本身，可視為一種程序，企業組織得以運用資源，並有效達成既定目標。

　　（三）透過資源達到目標：管理是透過計畫、組織、領導及控制資源，以最高效益的方法達到公司目標。

　　（四）完成各種任務：彼得‧杜拉克曾說：「管理是企業生命的泉源。」企業成敗的重要因素，在於企業是否能夠成功完成下列任務：完成經濟行為、創造生產成績、順利擔當社會聯繫及企業責任與管理時間。企業若要經營成功，必須要求企業功能部門主管，以管理職能執行管理活動。

　　（五）應具備的管理職能：一個主管人員能成功從事管理工作，必須具有下列四種基本職能：1.規劃：針對未來環境變化應追求的目標和採取的行動，進行分析與選擇程序；2.組織：建立一機構之內部結構，使得工作人員與權責之間，能發生適當分工與合作關係，以有效擔負和進行各種業務和管理工作；3.領導：激發工作人員的努力意願，引導其努力方向，增加其所能發揮的生產力和對組織的貢獻，為最大目的，以及4.控制：代表一種偵察、比較和改正的程序。

　　（六）有效達成目標：管理包含目標、資源、人員行動三個中心因素，泛指主管人員從事運用規劃、組織、領導、控制等程序，以期有效利用組織內所有人力、原物料、機器、金錢、方法等資源，並促進其相互密切配合，使能有效率和有效果的達成組織的最終目標。

二、管理定義的總結

　　綜上所述，茲總結管理定義如下：「管理者立基於個人的能力，包括事業能力、人際關係能力、判斷能力及經營能力；然後發揮管理機能，包括計畫、組織、領導、激勵、溝通協調、考核及再行動，以及能夠有效運用企業資源，包括人力、財力、物力、資訊情報力等，做好企業之研發、生產、銷售、物流、服務等工作，最終能達成企業與組織所設定的目標。」這就是最完整的管理定義。

現代管理的定義

```
        2. 計畫

1. 組織                    3. 領導

          達成企業目標

6. 控制                    4. 溝通協調

        5. 激勵
```

代表一種偵察、比較和改正的程序，亦即建立某種回饋系統，有規則地將實際狀況 (包括外界環境及組織績效) 反映給組織。

管理定義在組織體系的應用

老闆、董事長、總裁

·考核·指示·再行動

上級、長官

·計畫·組織·領導·激勵

它部門同事　　經理　　它部門同事

·溝通協調　　·溝通協調

部屬、屬下

1.基礎
個人能力
· 專業能力
· 判斷能力
· 經營能力
· 人際關係能力

2.發揮
管理機能
· 計畫　· 組織
· 領導　· 激勵
· 考核　· 再行動
· 溝通協調

3.有效運用
企業資源
· 人力　· 物力　· 財力　· 資訊情報力

4.做好
企業工作
· 研發　· 生產製造　· 售後服務
· 物流　· 行銷、銷售

5.達成
企業與組織目標
· 營業額目標　　· 品牌地位目標
· 社會責任目標　· 企業形象目標
· 獲利目標　　　· 企業價值目標
· 產業領導目標

彼得・杜拉克曾於其《管理實務》一書中，提出經理人必須做好二項特殊任務與五大基本工作，才能把資源整合成一個可以生存成長的有機組織體。

一、經理人二項特殊任務

（一）創造出加乘效果：亦即創造一個所有投入資源加總而產出更多的生產實體。可以把經理人比擬成管弦樂團的指揮，因為他的努力、願景和領導，使個別樂器結合成完整的音樂演奏。不過，指揮者有作曲者總譜，他只是一位樂曲詮釋者，而經理人卻同時是作曲者指揮者。這項任務需要經理人使他所有的資源發揮長處，其中最重要的是人力資源，並消除所有資源的弱點，唯有如此，他才能創造出真正的公司整體。

（二）調和每個決策與行動的短期與長程需要：犧牲短期與未來長程的需要任何一者，都會危及公司。亦即，經理人員必須同時兼具短期與中長期的利益觀點及具體計畫之掌控。

二、經理人五大基本工作

（一）設定目標：經理人決定應該有哪些目標、每個目標目的何在、如何進行才能達成目標，然後考核績效，與攸關目標達成與否的人員溝通，以達成這些目標。設定各種業務目標、財務績效目標及各功能目標，是各級經理人的首要工作。

（二）進行組織安排：按著經理人分析必要活動、決策與關係，把工作區分成可管理的活動，再把這些活動區分為可管理的職務。再把這些單位與職務組合成一個組織結構，挑選人員管理這些單位及必須完成的職務。換言之，各級主管必須依其職掌，安排推動工作的人員組織，使其能各就各位。

（三）進行激勵與溝通工作：經理人要促使負責不同職務的人員像團隊般合作無間。為做到這點，採行的途徑與方法，包括有透過各種實務和共事者之間的關係及運用酬勞、工作安排、晉升等決策，與下屬、長官及同僚之間持續的雙向溝通。

（四）評量：經理人必須建立員工績效的評量標準，同時著重他對組織整體績效的貢獻及他個人的工作，並藉此幫助他改善工作。經理人分析、評鑑、詮釋績效，而且和所有其他工作領域一樣，他必須和下屬、長官及同僚溝通評量標準、方法，以及評量結果代表的意義。評量就是代表績效管理的實踐。

（五）發展人才，包括自己：發展人才、提拔後進、發現人才，並邀聘各種不同專業人才，是各級經理人時時刻刻甚至永恆的工作重點。個人的工作生命，可能只有二十年、三十年，最多四十年，但是企業的生命可能一直延續。而為確保永續經營，就必須保有每一世代高素質的管理團隊。

彼得・杜拉克對管理者的任務與工作

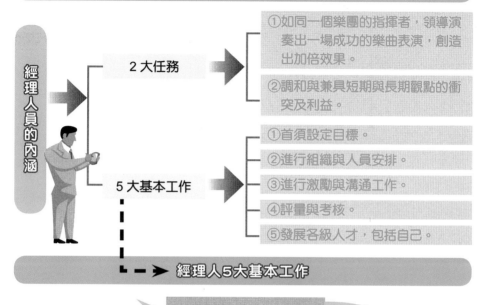

經理人員的內涵

2大任務
① 如同一個樂團的指揮者，領導演奏出一場成功的樂曲表演，創造出加倍效果。
② 調和與兼具短期與長期觀點的衝突及利益。

5大基本工作
① 首須設定目標。
② 進行組織與人員安排。
③ 進行激勵與溝通工作。
④ 評量與考核。
⑤ 發展各級人才，包括自己。

經理人5大基本工作

1.設定目標
設定各種業務目標、財務績效目標及各功能目標，是各級經理人員的首要工作。

經理人 (Manager) 的工作

5.發展各級人才
長江後浪推前浪，青出於藍勝於藍。不斷發展人才、提拔後進、發現人才，並邀請各種不同專業及多元化人才，讓企業能永續經營。

2.組織與人員安排
各級主管必須依其職掌，安排推動工作的人員組織，使其能各就各位。

4.評量與考核
評量就是代表績效管理的實踐，唯有評量，才能區分出好壞，也才能賞罰分明，並且拔擢優秀的儲備幹部人才。

3.激勵與溝通
經理人員必須促使負責不同職務的人員，像團隊般合作無間。

創新，是持續成長的不二法門

彼得‧杜拉克是一位非常重視「創新」的世界級管理大師。他認為不創新就會走向死亡之路。

一、唯有「創新」，才能「成長」

彼得‧杜拉克曾在其著作中寫著「創新，是持續成長的不二法門」，以及「不創新，就死亡」的兩句歷史名言。

杜拉克堅持相信，透過不斷的創新，就能夠產生創造出新的價值及新的產品出來；而這些新產品與新價值，都會帶給消費者新的期待，新的驚喜、新的感動與新的購買與使用。而這些就能為企業帶來新的業績、新的獲利與新的成長。這是毋庸置疑的。

例如：近十年來，Apple 蘋果公司由於創新研發出 ipod → iphone → ipad 等三項創新的新產品，終使 Apple 公司的股價、總市值及總獲利水準都曾達到該公司史上最高峰水準。這就是持續創新帶來的最大效益了。

二、著手創新的十大類方面

但是，企業創新有哪些類別與方向呢？彼得‧杜拉克提出下列十大方向，即 1. 新事業模式創新；2. 新技術創新；3. 新產品創新；4. 新 IT 資訊創新；5. 新作業流程創新；6. 新行銷方式創新；7. 新管理模式創新；8. 新市場創新；9. 新人才創新，以及 10. 新服務創新。

杜拉克認為透過這十大創新，可為公司帶來下列十項顯著的效益，即 1. 降低成本 (控制成本)；2. 保持營收及獲利成長；3. 豐富且完整產品線；4. 形塑創新的組織文化氛圍；5. 提升企業總體競爭力與活力；6. 保持市場領先地位；7. 累積可觀的品牌資產；8. 開創不斷攀升的企業總市值；9. 留住並吸引更多優秀人才，以及 10. 形成公司長期不墜的良性循環圈，可謂基業長青，百年不墜。

三、創新的三大類型

彼得‧杜拉克又進一步分析指出，其實創新的內涵又可從淺到深分類如下：

(一) 第一種稱為「模仿創新」：亦即參考第一個首創者的產品，將其功能、外觀、設計、材質等加以模仿中做適度創新。這是很常見的。

(二) 第二種稱為「自行改善創新」：很多產品都是出來半年、一年後，再逐步修正、調整、強化某些地方，然後再改變推出上市。

(三) 第三種稱為「完全新產品創新」：例如智慧型手機、平板電腦、手機 APP、臉書等就是。

唯有創新，才能成長

創新！　　　創新！　　　創新！

創新，是持續成長的不二法門！

不創新，就死亡

創新10大類方向

1.新事業模式創新(New Business Model)	6.新行銷方式創新(New Marketing)
2.新技術創新(New Technology)	7.新管理模式創新(New Management)
3.新產品創新(New Product)	8.新市場創新(New Market)
4.新IT資訊創新(New IT)	9.新人才創新(New Manpower)
5.新作業流程創新(New Process)	10.新服務創新(New Service)

創新3大類型

1. 模仿創新

2. 既有產品，
自行研發改善創新

3. 全新產品創新

創新10大效益

① 保持營收及獲利成長	⑥ 保持市場領先地位
② 有效降低成本	⑦ 累積品牌資產
③ 提升企業總體競爭力	⑧ 提升企業總市值
④ 形塑創新組織文化	⑨ 留住並吸引更多優良人才
⑤ 豐富產品線完整性	⑩ 形成良性循環，百年不墜

「行銷」的真正意涵與最高任務

　　正規的中大型公司，由於市場無情的競爭激烈，加上產業與競爭對手的瞬息萬變，因此公司每天傍晚時或每週定期一次，都要檢討今天或本週的業績如何？當業績出現不如預期，甚至業績出現衰退時，業務部高階主管經常會詢問部屬，為什麼東西會賣不好？而總經理或董事長也會疾言厲色罵起人來。大家都在問：為什麼東西會賣不好？有什麼內部或外部的因素嗎？

一、行銷的最高任務

　　依照彼得·杜拉克的觀點，他認為所謂的「行銷」，就是要探索及洞察顧客要買的價值 (value) 究竟是什麼？以及公司要想辦法讓產品與服務自然而然的就能夠賣出去，而不是靠推銷而已。

　　彼得·杜拉克曾與行銷教父菲利普·科特勒 (Philip kotler) 兩人有對談過，兩位世界級大師對所謂的行銷最高任務，有一致性的看法，亦即要做到兩點：一是符合顧客價值觀，二是滿足顧客需求。再進一步說明如下：

　　(一) 符合顧客價值觀：係指製造廠商或服務業廠商，應該掌握所推出產品及服務，必須達到或超越顧客對此產品及服務的價值認定；簡言之，就是廠商所提供的商品或服務，必須讓消費者感到有：1. 高的物超所值感；2. 高的性價比、3. 高的 CP 值；4. 平價時尚感，以及 5. 尊榮與感動感。

　　(二) 滿足顧客需求：係指廠商的產品及服務，一定要能做到讓消費者感到滿意、滿足、能解決消費者需求問題。甚至於發掘消費者未來潛在性的需求。

二、行銷就是「創造顧客的策略」

　　彼得·杜拉克更進一步認為，行銷簡言之，就是如何能夠「創造顧客的策略」。他說行銷最高的極致點，就是能夠不斷的創造出新顧客出來。

　　舉現代的例子來看，手機廠商所創新出來的智慧型手機 (Smart-phone) 及平板電腦；乃至於現在所流行的免費即時通訊軟體 line、wechat 或是 APP 等，都是近幾年來，不斷創造出新顧客使用群。

　　再如，7-11 的 City Café 24 小時隨煮隨帶走的平價咖啡，亦是創造了很多以前不喝咖啡的新顧客群。

三、做行銷要問的六個重要問題

　　彼得·杜拉克表示，公司要做好行銷，應該要先思考好下列六大問題點，即 1. 我們的顧客是誰？ 2. 我們的目的及使命為何？ 3. 顧客追求的價值是什麼？ 4. 成果應該是什麼？ 5. 我們的計畫為何？ 6. 我們應該如何，提供什麼？

行銷的真正意涵

| 行銷部
業務部 | → | 業績衰退！
市占率衰退！
品牌地位下滑！  | → | 被上級挨罵 |

行銷的最高任務

1.符合顧客價值觀！
2.滿足顧客需求！

大家一起來思考

・何謂行銷？　・行銷本質是什麼？
・應該如何做？

6個重要問題

1.我們的目的與使命為何？
2.顧客是誰？
3.顧客追求的價值是什麼？
4.成果應該是？
5.我們的計畫為何？
6.應該如何？提供什麼？

・一起構思
如何有效
創造顧客
策略吧！

・行銷重新
再出發！

行銷的根本本質

做好行銷本質

1. 符合顧客價值觀 →
- ①物超所值感
- ②性價比高
- ③ CP 值高
- ④平價時尚
- ⑤超過顧客心理預期

2. 滿足顧客需求 →
- ①滿足現況需求
- ②發掘潛在未來需求

發揮行銷的最高任務

1.才會有好業績！　　2.才會有獲利！　　3.才會有高市占率！
4.才會有品牌資產價值！　5.才會有好口碑！

1-14 打造「創新」的組織體

彼得‧杜拉克曾說過一句名言，即：「Innovation, or die」(不創新，就死亡)。此話之涵義，即指任何企業如果不能夠持續創新領先，或至少創新跟上，則長期下來，一定會逐步甚至快速邁向死亡之路，若不死亡，至少會衰敗。例如，幾年前，手機最大廠商是北歐芬蘭的 Nokia，當時，不論市占率、總營收額或總獲利，都曾風光一時；但自從競爭對手 Apple 公司率先推出第一支創時代的智慧型手機之後，接著韓國三星、日本 SONY 也跟上，Nokia 反而卻沒及時快速跟上，使其全球市占率從第一跌落到第四名之後，慘痛教訓令人印象深刻。

相反的，像 Apple、三星電子、LINE、Google、Facebook、台積電、統一超商、王品餐飲……等不斷創新，終能保持業界的領航地位。

一、無處都可創新

彼得‧杜拉克認為所謂的「創新」，就是「利用公司既有資源創造財富」，而且他還提出任何日常工作也都需要創新，也都可以創新。例如：產品改良、業務流程再造改善、降低成本、行銷操作方式、製程改善、原物料與零組件改革、技術的突破性思考、服務改革、營運模式 (Business-Model)、組織設計、領導與決策模式，乃至於組織文化等無處都可以創新。杜拉克還表示：「創新可為人類生活帶來新價值與新富足。然後成為經濟發展的最佳動力。」

二、擅長創新的組織條件

杜拉克還從許多案例中，發現並歸納出創新組織的幾點共通處，即 1. 把創新的焦點，放在消費者的根本需求，包括可看見及未來不可看見的需求上，但這需要相當有遠見的洞察力；2. 組成多個二～五人的小團隊，分工平行的同時進行推動，最終會在好幾個創新小組的工作中，出現成功創新的某一小組，這是透過內部良性競爭與相互 P.K 的有效能之結果；3. 組織高階管理者要塑造出創新的企業文化、組織文化的氛圍；4. 組織經營者還要大方、慷慨的拿出優厚的紅蘿蔔創新獎金，來獎勵創新成功的團隊與個人；5. 創新工作與組織的推動，必須由公司最高經營者 (例如董事長、執行董事、總經理、執行長) 等，親自抓取這項重大關鍵工作，絕對不能放任給中低階層的主管負責；6. 公司應規定，任何部門必須將每月工作，80% 用在當下工作上，而另外 20%，一定要用在創新事務上，並且訂出可以考核的 KPI 工作績效指標；7. 公司應適度允許及容忍在創新過程中的偶而失敗，不要對創新失敗給予太大的責難或處罰；8. 公司必須鼓勵全員勇於創新，最終成為一個全員都有創新能力的最強組織體系，以及 9. 公司應認清，單靠內部創新，可能不夠力，必須結合外部創新人才及創新單位，借力使力，擴大結盟，創新才會加快！

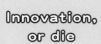

不創新，就死亡

Innovation, or die

不創新，就死亡！

不進，則退！

不創新，就沒有明天！

不創新，就代表逐漸喪失了競爭力！

例如，美國柯達底片、日本 SAKURA 底片，
也已走入歷史的灰燼，消失在地球上了！

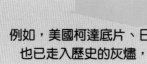 **無處，都可創新**

1. 產品改良	4. 技術突破	7. 組織設計
2. 業務流程再造	5. 服務品質改革	8. 領導與決策
3. 降低成本	6. 營運模式創新	9. 行銷操作方式

擅長創新的組織條件

成功創新的組織 9 條件

① 把創新焦點，放在消費者的根本需求上！

② 同時組成多個創新小團隊，彼此良性競爭及 P.K！

③ 塑造出創新的企業文化與組織文化！

④ 發放高額誘人的創新獎金，以激勵全員士氣與動力！

⑤ 最高階經營者必須親自抓取此項重大任務！

⑥ 公司應規定，每個部門應至少花費 20% 時間在創新工作上，
並列入考核事項。

⑦ 公司應允許容忍偶而幾次的創新失敗！

⑧ 鼓勵全員勇於創新！

⑨ 公司應結合外部資源，使內外結合，加速創新成功！

第一章 彼得‧杜拉克管理精華理論

029

1-15 經理人的基本工作與人格正直

彼得‧杜拉克曾舉出作為一個公司的管理者或經理人應具備五項基本工作與人格正直，才算是一個勝任的經理者。

一、經理人的五項基本工作

（一）設定目標：這是經理人管理行動的第一個首要行動。沒有設定目標就像一艘船航行大海中，沒有終點，不知為何而戰，也不知戰鬥的目的何在。因此，管理之首要，即在設定一個具有可行性的、具有挑戰性的、具有願景性的、具有數據性的各種重要目標。管理有了目標，才可以作為努力以赴的標竿點，以及考核績效的指標。

（二）架構組織：經理人的第二步驟，即是要募集人才團隊並形成組建出自己部門的組織架構、組織分工、組織編制，以及組織工作職掌與權責等工作。唯有架構出組織，並指派出對的人，在對的工作位置上，指導他們做對的事情，這樣才會有好的工作成果來。因此，組織是經理人第二件要做的大事。

（三）激勵成員：有了組織與成員之後，再來就是要對屬下成員，加以有效的領導與積極的激勵與獎勵，讓部屬們能夠有高昂的士氣與主動積極的工作態度，勇於任事、勇於解決困難問題，朝著所定的目標奮力向前進。每個人的人心，都是需要被激勵的。激勵的方式，不管是物質或非物質的，都是要並重的。

（四）考核與評估：應打出檢視各部門甚至是各人的 KPI 衡量評估工作表現的數據化指標出來，然後定期每週或每月或每季、每年，加以考核及評估，以掌握公司整體目標是否在良好控制中運作。沒有考核與評估的組織體，將會是一個怠惰、懶散、缺乏效率的組織體，基本上，每一個人都必須在「鞭策」與「激勵」下，才會保持良好的績效出來。

（五）相互成長：經過前述四個經理人的基本工作之後，長官與部屬之間，必會得到相互成長與相互學習的機會，企業與個人的成長，是沒有停止的一天，不成長，企業就沒有明天。不只是部屬要成長，各階層主管也更要成長，才能帶得動部屬。

二、經理人必須人格正直

對於經理人的要求，杜拉克提出一個特殊觀點，經理人必須要人格正直。杜拉克於 20 世紀即預知 21 世紀發生的事件，有先見之明，不正直的管理者對於公司就像不定時炸彈，他們徇私舞弊，掏空公司，如 2001 年美國的安隆 (Enron) 案、2005 年臺灣的博達案，公司高層都美化財務報表，創造營業額直線上升的光明前景，吸引投資人，地雷股爆發時，公司倒閉，無數投資人受害。

經理人5項基本工作

企業永續經營的本質

1. 設定 目標	2. 架構 組織	3. 領導與 激勵成員	4. 考核與 評估	5. 相互成長 (長官與部屬)

- 公司各層級、各部門都應該會有他們的不同目標：大至公司發展願景目標，中至各部門年度預算目標，小至各門市店業績目標等。
- 有人把目標設定，說成是現代的KPI關鍵績效指標也無不可。

目標設定

目標的設定，當然是經過相關部門及人員的共同討論及溝通後才做決定的。

1.具可行性

2.具挑戰性

3.具遠景性

4.具數據性

經理人應掌握5大要素

Manager
- 經理人
- 管理者

1.目標 (Objective)

2.組織與人
(Organization &
Manpower)

3.激勵 (Incentive)

4.考評 (Evaluate)

5.成長 (Growth)

知識維他命

國內上市上櫃企業對品德的高度重視

鑑於聘用心術不正者如引狼入室，遠見雜誌 2004 年「國內上市上櫃企業對品德重視度大調查」顯示，幾乎所有人力資源主管，都同意「上梁不正下梁歪」，認為 CEO 的操守，對員工影響重大。調查結果更發現，七成五的企業徵才時，把求職者的品德，看得比專業能力重要。

尤其是金融業與服務業，與眾多客戶接觸，對品德的要求更嚴格。

如台積電董事長張忠謀強調經理人的正直，再如何能幹的管理人，若操守不正，公司決不聘用。統一企業董事長高清愿常說：「用人之道，以德為主，才為輔；才德全者而貴；其次有德無才者，其德可用；有才無德者，其才難用」，鴻海董事長郭台銘所提的接班人條件，需要「品德、責任心、工作意願」。以上三位董事長的話語不謀而合，均強調品德的重要。

1-16 擬定出正確經營策略

彼得‧杜拉克指出，公司在擬定經營策略時，必須從「顧客的觀點」著手討論，不能天馬行空，不著邊際，徒有很多想法，但卻不易成功。

一、經營策略的重要性

彼得‧杜拉克曾表示，公司營運發展除了一般性的管理工作之外，最重要的就是如何制定一個正確與精準的經營策略了。因為，一旦公司短、中、長期的經營策略制定錯誤，那勢必發生一場大災難。

杜拉克認為，經營策略的重要性，關乎了公司未來中長期是否得以順利成長發展下去，以及追求企業永續經營的重大抉擇。

二、擬定經營策略的八個重要問題

彼得‧杜拉克進一步指出在擬定公司經營策略時，必須要問自己八個重要問題，即 1. 我們的目的與使命為何；2. 我們的顧客是誰；3. 顧客所追求的價值為何 (如何的價值，能讓人願意掏錢買？)；4. 我們的成果為何 (我們提供了什麼？顧客與市場做何評價？)；5. 我們的計畫為何 (短、中、長期重點計畫)；6. 我們的競爭優勢在那裡？我們是否具有比別人更強的核心能力；7. 我們可以贏的關鍵成功因素為何，以及 8. 我們的策略與別人有夠差異化嗎？或是獨有特色。

三、清楚定義公司的事業

杜拉克進一步指出，在回答這些問題之前，應要「清楚定義公司的事業」究竟如何，然後，才會有進一步的經營策略的規劃與想法。

杜拉克表示，企業必須經常觀察及分析外在經營環境的變化，而經常性的審視我們對事業的定義，以及做必要的調整與改變。

這些外在環境的變化，包括了下列最重要的十要項，即 1. 全球化的發展影響；2. 全球經濟景氣變化影響；3. 科技與技術突破的影響；4. 環保問題的影響；5. 主力競爭對手壓力的影響；6. 產業供應鏈的關聯變化影響；7. 消費者需求變化的影響；8. 社會文化改變的影響；9.M 型化社會與貧富不均的影響，以及 10. 政府政策、法令改變的影響。

四、擬定各部門的行動計畫，並決定全權負責的人員

經營策略制定之後，接著必須要擬定具體的行動計畫，包括：組織、人力、資金、業務活動、IT 資訊、供應鏈、S.O.P. 流程、法務……等，每一項都要設定需求與目標，並決定負責的權責人員。

經營策略的重要性

經營策略
重要性

1. 關乎未來中長期成長性

2. 關乎企業永續經營

3. 關乎企業持續性競爭優勢

必須從「顧客觀點」著手討論

擬定經營策略8個重要問題

經營策略8大問題

6. 我們的核心競爭優勢在哪裡？

4. 我們提供了什麼？顧客有何評價？

2. 我們的顧客是誰？

7. 我們可以贏的關鍵成功因素為何？

1. 我們的目的與使命為何？

5. 我們的計畫為何？

3. 顧客所追求的價值為何？

8. 我們策略的差異化何在？特色何在？

擬定各部門行動計畫及負責人

| 1. 審視／洞悉內外部環境變化 | 2. 正確制定公司短／中／長期經營策略 | 3. 研訂各部門行動計畫及負責主管 | 4. 展開執行力 |

1-17 經營團隊的工作

　　經營團隊 (management-team) 或稱為管理團隊，可說是一個公司組織的最核心重要團隊。這個團隊的成員，應該包括各部門副總經理以上高階主管，以及總經理、執行長、副董事長、董事長等人才團隊。這個經營團隊應該做好哪些工作及保持何種態度，才能時時刻刻進步中，以下彼得‧杜拉克有其精闢的看法，提供讀者參考。

一、經營團隊的十一項工作

　　彼得‧杜拉克認為，一個公司的經營團隊，應該做好下列十一項工作，包括：1. 應思考組織的使命及願景；2. 應設定組織標準與規範，明定組織的價值觀；3. 應培養未來的各層級接班人；4. 對外要建立廣泛人脈及廠商關係；5. 出席各重要儀式與社交公關活動；6. 出動解決重要危機；7. 制定公司發展可大可久的經營策略；8. 應保持公司持續性競爭優勢的持有；9. 應達成董事會及股東大會賦予這個團隊的任務目標；10. 應花更多時間，招聘或內部培養更多優秀的好人才進來，以及 11. 要做好 CSR（企業社會責任）工作，建立企業在社會上的良好企業形象。

二、最高的層次：經營團隊要「自己創造變化」

　　彼得‧杜拉克認為，面對現今巨烈變化的經營環境中，企業經營團隊不能像等待被宰的羔羊，而是要像一群狼，勇於在冰雪寒冬中，自己創造變化。杜拉克提出：「整個組織體，都應是變革推動者才對」，因此，自己創造變化，正是經營團隊工作中的核心主軸精神與標竿。

　　杜拉克進一步指出，所謂自己創造變化，就是指經營團隊應能洞察到環境變化中的創新商機，透過傾聽顧客心聲，發掘未被滿足的潛在顧客需求，就能化為創造新營收與新獲利的來源。

三、經營團隊也要保持進步，常存危機感

　　彼得‧杜拉克多年觀察衰敗企業的主要原因之一，就是那個公司的經營團隊失掉了危機感，不再追求突破與進步；長久下來之後，企業就漸漸走向衰敗之途了。

　　因此，杜拉克主張：董事長的最高決策層，應對經營團隊中的每一位高階成員，保持定期考核、評估及要求，期使高階經營團隊不要淪為「光出嘴巴，不做指導」的空虛長官與退步長官。

　　總之，經營團隊成員一定要經常自我反省、自我警惕、自我精進、自我成長與自我學習，絕不能官僚與故步自封，被權力所腐化了。

經營團隊11項工作

經營團隊工作

1. 思考組織使命及願景
2. 明定組織價值觀
3. 培養未來接班人
4. 對外建立人脈關係
5. 出席外面公關儀式
6. 制定可大可久經營策略
7. 解決企業危機
8. 保持競爭優勢
9. 達成董事會及股東大會任務交待
10. 培育、招聘更多優秀人才
11. 做好企業社會責任工作

經營團隊要自己創造變化

自己創造變化！

無畏外部環境巨烈變化

經營團隊

經營團隊：常存危機感，保持不斷進步

經營團隊

心中：
常存危機感

不斷學習！不斷進步！
不斷領先！

近幾年來，CSR(Corporate Social Responsibility，企業社會責任) 的呼聲大幅快速崛起。在面對資本主義過度盛行下，每個國家的國民所得日益分配不均，富者愈富，而貧者愈貧，社會已成為 M 型化社會，貧富差距愈大，甚有可能成為社會問題的不定時炸彈。而另一方面，全國 GDP 經濟成長的果實，又都跑到富者及資本家本身上；因此，社會瀰漫著對大型企業要求善盡企業社會責任崛起的強大呼聲與要求。希望透過企業做些 CSR 行動，以平衡社會大眾的不滿。

一、企業對社會的負面影響，要負起責任

彼得‧杜拉克對企業所應負擔的社會責任，是指應該對組織的產品與服務，其所對人類生活品質與自然環境，以及社會所造成的負面不利影響，應要重大負責。這些負面影響，可能是環境污染、廢棄物、薪水長期不調整處於低薪狀況等。

二、杜拉克列舉七項企業的社會責任

彼得‧杜拉克列舉出企業應擔負的社會責任，至少有下列七項：1. 僱用員工 (盡可能維持企業正常營運，並帶來大量僱用員工機會，避免員工大量失業)；2. 遵守政府法令、法規，絕不做違法之事，做好道德表率；3. 促進員工的不斷成長與進步，讓員工得到潛能發揮，滿足其個人生涯的自我實現需求；4. 盡速處理對外部環境保護的不利影響；5. 應讓整體社會更加美好；6. 應善盡調和政府、組織、個人，負起社會機構所應盡的責任，以及 7. 應捐助贊助弱勢族群，讓他們得到活下去的生存權。

三、企業需要「公司治理」

彼得‧杜拉克也一再呼籲企業應該重視「公司治理」(Corporate-Governance)，亦即公司應該：1. 引進外部獨立董、監事，以監督傳統公司董事會的決策制定是否有損及該上市公司的大眾股東；2. 必須盡可能資訊揭露完整，並且做到完全的透明化，以及 3. 公司董事會或高階管理團隊，絕對不可以圖利自己，或是自肥自己，甚至營私舞弊，導致大眾股東在資訊不對稱之下，受到重大損害。

四、CSR，是組織每一個成員的課題

彼得‧杜拉克最後認為，企業善盡社會責任，並不是高階董事長一人之責，而是組織內部每一位成員，在執行營運過程中，切記不可以違反法令規定，不可以失去道德感，不可以藏私於自身，更不可以對社會環境或消費者做出傷害之舉動。所以，CSR 可說是組織內部人人有責。

CSR崛起之原因

促使：企業社會責任的快速崛起與高漲！

1. 貧富不均

2. 環境破壞

3. 薪水 16 年來沒有增加，低薪環境

4. 社會低收入底層人數擴大

5. 企業道德喪失

6. 勞資糾紛不斷

7. 高失業率

應盡的7項企業社會責任

7項CSR原則

1. 僱用員工，降低失業率！

2. 促進員工成長！

3. 遵守政府法令、法規！

4. 盡速處理外部環保事件！

5. 捐助贊助弱勢團體！

6. 使整體社會更好！

7. 調和政府、組織與個人的和諧性！

公司治理與CSR並進

1. CSR (善盡社會責任) ＋ 2. 公司治理 (Corporate Governance)

優質、現代化、永續經營好企業！

彼得‧杜拉克在五、六十年前寫第一本管理學教科書時，第一章開宗明義就寫到：「事業的目的在創造顧客」這一句千古留存的名言。但是，杜拉克所謂的「創造顧客」是什麼意思呢？

一、「創造顧客」的意涵

杜拉克所謂的「創造顧客」可從狹義及廣義來看。從狹義來看，就是指如何增加顧客數目。但廣義來看，就是指企業要透過不斷的改變、不斷的創新、不斷的提高附加價值給顧客，讓顧客發現有一個全新的自己與美好人生！

舉例來說，臺灣的 7-11，近十多年來，提供了 24 小時全年無休服務，100多項繳費服務、City Café 隨身帶走、ATM 可以提款、ibon 機可以列印下載買車票、宅配取貨點，以及各式各樣的鮮食便當與餐椅座位區等，這些就是杜拉克所說的「創造顧客」的真實內涵。

再如，日本 Uniqlo (優衣庫) 的經營方針中寫到，「改變服裝、改變常識、改變世界」，這就是 Uniqlo「希望顧客穿上不同以往的服裝，藉此發現全新的自己，願每個人都能有豐富的人生。」

二、行銷的原則：是「跟顧客學習」

彼得‧杜拉克認為公司經營或公司做行銷，要成功的最大祕訣只有一個，那就是「跟顧客學習」吧！

從顧客身上，確實可以學到很多，如果能夠兼採這種態度，才是真正有成果的管理展現。

很多公司經常把「顧客至上」這些口號放著好看的，或只是嘴巴講講，但根本沒有化作行動，以身作則，這在杜拉克眼裡，都是失敗的管理。杜拉克曾說：「外面幾萬、幾十萬個顧客的力量，絕對勝過我們公司幾百人、幾千人的頭腦。」

三、有顧客，才有一切；顧客滿意，才能獲利

彼得‧杜拉克又提出：「有顧客，才有一切」，以及「顧客滿意，才能獲利」，這真是一針見血的箴言啊！

我們來看下列幾家國內外知名品牌大公司，他們都貫徹了這些認知與理念，因此，都有不錯的第一品牌領先市場地位；例如：1. 智慧型手機：三星手機、蘋果手機；2. 便利商店：7-11；3. 超市：全聯福利中心；4. 餐飲連鎖：王品集團；5. 咖啡店：統一星巴克；6. 百貨公司：新光三越、SOGO 百貨；7. 食品飲料公司：統一企業、桂格；8. 電信公司：中華電信、台哥大。

事業的目的：在創造顧客

事業經營目的 → 創造顧客

1. 不斷改變！

2. 不斷創新！

3. 不斷提高價值！

4. 發現全新的自己與美好人生！

行銷原則：跟顧客學習

什麼是顧客至上？

跟顧客學習！

千軍萬馬的顧客智慧超越我們公司內部員工智慧！

顧客滿意，才能獲利

有顧客，才有一切！　＋　顧客滿意，才能獲利！

行銷致勝祕笈！

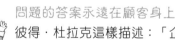

問題的答案永遠在顧客身上

彼得‧杜拉克這樣描述：「企業經營唯一正確而有效的定義，就是創造顧客而不是利潤。利潤是做對了最好的一堆事情以後的必然結果。」

杜拉克很早以前就洞察到組織成立的唯一理由，就是因為外界的「顧客」而存在，此外別無其他理由了。這一偉大的洞見，也成為杜拉克一生著作的核心概念。杜拉克最後說：「問題的答案，永遠在顧客身上。」

1-20 想要具備領袖能力

彼得‧杜拉克曾對所謂的「領導者」(Leader) 做過最簡單的定義，亦即：「有人追隨的人」，而且能夠「取得大家信賴的人」。

杜拉克認為每個人都可以嘗試著培養領導能力，但是能否成為領導者，則必須由你是否能夠贏得他人的「信賴」及「追隨」而定。

因此，要成為一個領導者，少不了建立這些信賴與願意追隨而來的各種努力。

一、領導能力是可以培養的

彼得‧杜拉克認為：「領導能力是可以經過後天培養的」。

他說，領導能力不是每一個人都是天生下來的，那只是極少數是天生就是領袖的特質；但對絕對大多數人而言，領導能力與當一個成功領導者，卻是靠後天努力、勤奮與培養出來的，而且那並不是一件難事。

二、領導能力不是「才能」，而是「行動」

彼得‧杜拉克認為其實領導能力，就是「行動力」。

也就是說，在任何會議上，你能勇於發言；在任何工作上，你能勇於承擔任務；在任何行動上，你能率先別人而做；在任何想法上，你能勇於表達出有見地的想法，那就是領導能力的展現，也就是一種比別人還快的「行動力」特質。

三、可以訓練自己成為「領導者」

在杜拉克的眼裡，領導能力不是天生的才能，而是以行動表現對工作的那種負責任心。透過這些有領導能力的行動，每個人都能獲得周邊其他部門或本部門人員的信賴，那就可以使自己成為一個「領導者」了。

四、領導者應具備的特質

綜觀彼得‧杜拉克在其各種著作所發表的內容歸納來看，他認為成為領導者應具備下列六項特質，包括能展現行動力、能獲得他人信賴、具有完整思考系統、能經常站在高度看待事情、擁有足夠膽識及具備通才型的人。

五、領導者不是天生的，而是可以學習的

根據杜拉克的長期研究，領導性格、領導特質與領導魅力，都是根本不存在的，即使有，也是少之又少，不值得花太多時間去研究。杜拉克又強調，絕大多數的領導者，都是「透過學習」才得以進步的，這是一種「學而後能」的本領。

因此，杜拉克總結說：「有效性的領導，是可以學的，也是必須學的。」

領導者是什麼？

杜拉克這裡所指的領導者，並不是指公司的老闆而已，而是泛指公司各階層的幹部、主管，包括上至執行長、總經理，下至各部門副總經理、協理、總監、經理、副理、廠長、主任……等各式頭銜的領導幹部而言。

有人追隨的人！　　取得大家信賴的人！

領導者（Leader）

領導　　信賴　＋　追隨

領導能力是可以培養的

 領導是天生的

 領導是可以後天培養的，後天學習的

領導能力不是「才能」，而是「行動」

杜拉克曾以某項專案工作為例，說明什麼是領導能力：
1. 清楚目的、使命　　2. 解釋給成員們知道　　3. 確認期限與應該達到的成果
4. 跟成員們共同決定作法　5. 分配職務與責任　　6. 提供成員意見
7. 負起最終責任

領導者應具備 6 大特質

1. 能展現「行動力」的人

4. 能夠「高瞻遠矚」、「站在高度」看待事情的人

2. 能獲得他人「信賴」的人

領導者6大特質

5. 擁有足夠「膽識」的人

3. 具有完整系統化、觀念化、結構化能力的人

6. 具備「通才型」的人

四、五十年前，當 IT(Information-Technology，資訊科技) 軟硬體發展還很慢的時代環境中，企業營運的效率是非常慢，效能也非常低。記得臺灣 7-11 連鎖店，早期的訂貨、銷貨、結帳、存貨等報表數據，都是用人工結算的，耗費大量人工，浪費不少成本。後來，引進 POS 資訊系統及其他資訊系統後，全面升級為 IT 自動化的訂、銷、存及財務等快速知道結果的電腦化線上連線成果方式。

一、首先，要打造出「奠基於資訊的組織」

彼得‧杜拉克雖然是早期 1960 年的世界級管理大師，但他在 1980 年代開始，就看到了 IT 資訊科技的重要性，當時他就認為未來一定是運用「知識工作者」腦中所擁有的知識與資訊提供給這個組織，杜拉克稱為這類組織為「奠基於資訊」的組織體，是一個強而有力的資訊組織體。而且，杜拉克還堅定認為：「只要經營環境隨著時代改變，IT 投資就沒有結束的一天。」

二、三大類資訊：掌握經營關鍵

IT 投資對公司的經營決策絕對帶來大的助益，彼得‧杜拉克列舉出一般性公司組織需要三大類資訊，而這些資訊情報必須做到及時性 (快速化) 與正確性 (精準化) 兩大要求。

(一) 成本資訊：係指在製造生產、物流配送、取得客戶及維繫顧客所需要的成本等重要的成本資料。有了成本資訊，才能夠對產品及服務的最終定價及獲利標準正確掌握。

(二) 營運資訊：包括 1. 供判斷財務與會計等經營狀況的財報資訊；2. 有關經營資源 (人力、財力、物力) 的產能資訊；3. 任何投資活動的成效與人員安排、工作表現等資訊，以及 4. 公司所獨創並掌握的優勢知識與工作資訊。

(三) 外部資訊：係指市場、競爭對手、消費者、財金局勢、經濟景氣、全球化、政治經濟、社會文化、少子化社會、科技技術、供應鏈……等外部影響內部企業的環境趨勢資訊情報等。

三、現今企業所有流程，都必須仰賴 IT

21 世紀的 IT 軟硬體已有很大突破性的進步，硬體設備成本也大幅降低，軟體設計也大幅創新出現，甚至現在很多資訊都已儲存在雲端。現在整體營運所涉及的訂貨、銷貨、出貨、庫存、生產、物流、倉儲、退貨、請款、付款、結帳、出財會報表、做經營分析等都已仰賴 IT 整套系統了。我們只剩下如何去判斷、分析、抉擇與下決策這些資訊了。

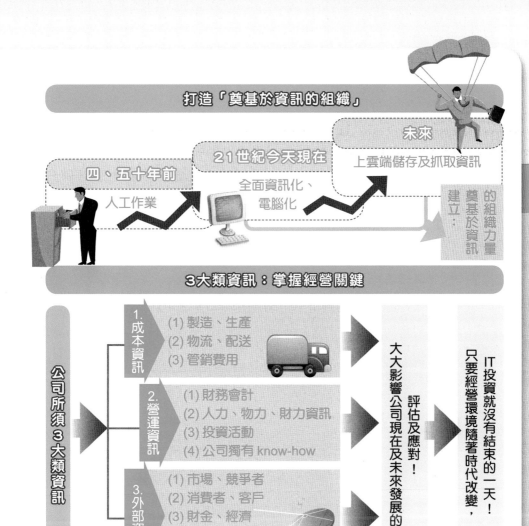

打造「奠基於資訊的組織」

四、五十年前
人工作業

21世紀今天現在
全面資訊化、電腦化

未來
上雲端儲存及抓取資訊

建立：
奠基於資訊
的組織力量

3大類資訊：掌握經營關鍵

公司所須3大類資訊

1. 成本資訊
(1) 製造、生產
(2) 物流、配送
(3) 管銷費用

2. 營運資訊
(1) 財務會計
(2) 人力、物力、財力資訊
(3) 投資活動
(4) 公司獨有 know-how

3. 外部資訊
(1) 市場、競爭者
(2) 消費者、客戶
(3) 財金、經濟
(4) 科技技術
(5) 全球化

大大影響公司現在及未來發展的

評估及應對！

IT投資就沒有結束的一天！
只要經營環境隨著時代改變，

現今所有的工作流程，都已IT化

IT　　　　　　　　　　　　　　　　　　　　IT

客服　　生產　　倉儲　　物流、宅配

結帳
・ERP
・CRM (顧客關係管理)
・data-Marketing (資料庫行銷)

・SCM (供應鏈管理)
・Big data (海量資料)
・發送EDM

・POS
・data-ming (資料採礦)
・BI (商業智慧)

銷售

請款　　上架通路　　出貨、退貨　　訂單

IT　　　　　　　　　　　　　　　　　　　　IT

21 世紀的企業
應重視六點

綜合歸納彼得‧杜拉克在其各著作中的論點，今後各企業要能在各種激烈競爭致勝而出，應該做好以下六點。

一、提升創新競爭能力

企業要經由各種創新，提供年輕優秀員工一個發揮潛能的平臺。杜拉克認為：「唯有創新，才能保持持續性競爭優勢，並且獲得組織中所設定的各種目標成果。」

二、充分運用 IT，重視知識與資訊情報

杜拉克認為企業營運規模日益擴大，顧客交易量也大增，加上全球化市場拓展，使得如何充分建立及運用 IT，將可以進一步提高工作與組織的效率與效能。

特別是，企業要加倍重視知識與資訊情報，唯有從資訊與知識中，企業才能打造出自己獨有的核心競爭力與一套特有的經營 know-how。

三、建構良好的人力資源發展制度

杜拉克認為現代化企業必須建構出能讓現代化高級知識工作者與高階技術人員自動自發工作的人事制度，同時重視這些人才，讓他們適才適所，放在對的位置，做出對的事情，然後就會對公司有重大貢獻，最重要的是如何激發出他們無限可能的潛能與才華。甚至某些關鍵人才退休後，仍可以約聘方式繼續重用。

四、善盡社會責任

杜拉克認為，企業應將注重環保與聘僱人員等社會事業，納入自己事業內，把它們做好並當成經營自己事業的一環。另外，杜拉克也認為，公司應有管理制度，讓組織中工作的每一位成員，都能像管理者，發揮企業家的精神與任務。

五、堅定不移，貫徹「顧客導向」

杜拉克認為，回歸到企業競爭力的原點，就是要能信守並堅定不移的貫徹「顧客導向」。他認為以「顧客」為公司的指導老師，隨時傾聽顧客們的心聲、想法、意見、抱怨等，才能真正知道如何改善自己，並做出滿足他們的產品及服務。

六、用心洞察環境變化，隨時調整策略

杜拉克認為 21 世紀全球化時代，企業的競爭將是巨大且激烈，企業必須隨時有專責的人、專責的組織，每天洞察環境變化，然後蒐集情報與深入分析、評估，並研訂出對策、決策與計畫方案。如此，企業才能基業長青，長期立於不敗之地。

未來企業應重視6大點

1.提升創新競爭能力
- (1) 研發技術創新
- (2) 產品創新
- (3) 行銷創新
- (4) 管理創新

4大創新

唯有創新，才有持續性競爭優勢。

2.充分運用IT，重視知識與資訊情報
- (1) 唯有 IT，才能提升效率。
- (2) 唯有資訊情報，才能提升效能。

3.建構良好人力資源發展制度
- (1) 讓高級知識工作者，適才適所。
- (2) 讓年輕人，發揮潛能。
- (3) 某些關鍵人才退休後，仍可以約聘方式，繼續重用他們過去豐富的經驗，否則太可惜了。

4.善盡社會責任
- (1) 把環保、贊助弱勢、遵守法令等視為企業經營重視的一環。
- (2) 應讓每一位組織成員，都能實際感覺到自己對整個產業及社會是有幫助的，以發揮企業家的精神與任務。

5.堅定不移，貫徹顧客導向
- (1) 顧客導向，是企業競爭力的根本原點。
- (2) 要以顧客為我們的指導老師。
- (3) 要真心傾聽顧客的心聲、抱怨與意見、想法。

這樣的企業，才不會被顧客拋棄。

6.用心洞察環境變化，隨時調整策略
- (1) 21 世紀企業外部環境巨變很大。
- (2) 專人、專責每天洞察環境的變化。
- (3) 蒐集情報，及時加以分析、評估、研究對策與方案，及時調整策略。

1-23 目標管理制度

目標管理 (Management by objective, MBO) 是企業界長期以來，就非常盛行的一種作法。不過，彼得・杜拉克所說的「目標管理」，是比較偏向「自我目標管理」。

一、什麼是「自我目標管理」？

杜拉克定義「目標管理」，應該是：

1. 依循公司目標，自主決定自己的目標。

2. 自己為自己的工作結果評分，讓自己成長。

顯然，杜拉克的目標管理，是比較偏向由下而上的管理模式，並且尊重員工個人對自己的承諾，以及自己追求自己的成長。

二、鼓勵與上級長官多做溝通

杜拉克認為部屬自己在訂目標的時候，應該多跟上級長官多做溝通與討論，讓自己了解長官希望你為公司付出些什麼、做些什麼、達成些什麼目標；同時，也要讓長官了解你有什麼相標、你有什麼困難、你有什麼請求支援、你將會怎麼做。如此上下交互良好的互動溝通，而且相互學習、相互成長，才會使自己能夠「適才適所」，並且朝著公司的大目標前進，成為公司有價值的一分子。

三、目標管理的好處

杜拉克從管理的觀點，提出對公司採行目標管理會有下列明顯的好處：

1. 公司訂定總目標，讓全體員工知道為何而戰。

2. 個人自訂自己的目標，可賦予員工個人的責任感與自主性，提升自己的參與感。

3. 目標管理可作為評估、考核及檢討每個員工、每個部門在每個時期的工作成果如何的具體參考數據指標。

4. 目標管理有助於全公司總體資源 (如：人力、物力、財力) 應如何配置 (allocation)、分配、安排，使公司資源得到最佳的配置，發揮最大的效益出來。

5. 目標管理猶如一盞明燈，在夜航中照亮前進方向，不致使公司或個人陷入迷航。

四、實務上，目標該如何訂定

在企業實務上，每個公司可能有不同的訂定目標方式，大致有下列三種模式：一是由上而下，比較威權的公司，通常是老闆決定大目標數據；二是由下而上，這是最民主自由的公司，授權由各部屬單位提出下年度的目標數據；三是前述兩種的混合模式，經過上與下交互討論評估而形成共識決定的。

這三種方式，其實沒有對或錯，要看不同公司、不同領導者、不同環境而決定。

自我目標管理

自我目標管理

1. 依循公司目標，自主決定自己的目標！

2. 自己為自己的工作結果評分，讓自己成長！

杜拉克：採取民主式的自我目標管理

 目標管理ㄣ好處

目標管理的好處

1. 讓員工知道為何而戰

2. 賦予員工責任感與自主性

3. 作為考核部門與個人的參考資料

4. 有助公司總體資源的最佳配置

5. 使公司不會迷航

目標訂定3類型

1. 由上而下，老闆威權決定

2. 由下而上，員工民主決定

3. 上述兩者兼具，相互討論形成共識

知識維他命

目標管理 vs. 自我控制

所謂「目標管理」，就是以目標為導向的管理。但「目標」是什麼呢？通常一般人都會以業績、營收及利潤多少作為目標的標準。不過，杜拉克認為這樣，容易被過於簡化及誤導。他表示，該問的是：我們的客戶是誰？我們的顧客應該是誰？他們購買什麼？他們重視的價值為何？經一連串的自問自答，才能尋找到正確的主客戶群，如此再來訂定年度營收額及利潤的目標預估值。

另外，杜拉克認為，更重要的精神，在於各經理人們的自我控制、自我要求、自我努力、自我標竿的這種特質，才能落實目標管理。因此，杜拉克反對外在高壓式的控制手段去執行目標管理。

彼得‧杜拉克在 1980 年代開始，就看出全球化發展必然是企業擴大規模與追尋市場成長必走之路。不過，杜拉克認為企業走向全球化道路，並非全然是一帆風順的，其中一定會遇到一些困難，他認為企業一定要克服這些困難障礙點，全球化才會成功。

一、全球化的困難點

根據杜拉克的研究，這些全球化遇到的問題點，包括如下六點：
1. 無法維持在國內生產的一致性品質。
2. 不能適應當地的文化與價值觀，因此難以融入。
3. 不熟悉當地市場，因此銷售成績不佳。
4. 在當地人事聘用出了問題，找不到可以信賴的優良幹部。
5. 全球供應鏈出了問題，不像在國內那麼容易快速解決。
6. 有些公司的品牌，在當地缺乏知名度。

二、全球化成功的祕訣

彼得‧杜拉克認為前述全球化的困難點，終有解決的一天，只是時間點問題而已。杜拉克另外則提出歸納在實務研究中，針對大部分企業全球化成功的祕訣，包括如下八項：
1. 放眼全球擬定經營策略。
2. 要因地制宜，入境隨俗。
3. 要組成海外經營團隊。
4. 要聘用當地優秀幹部人才。
5. 行銷方式一定要在地化。
6. 要有一套管理制度化運作。
7. 運用 IT 做好數據控管。
8. 要勇於投資品牌，打造品牌。

三、把全球當成一個市場

彼得‧杜拉克認為未來在 21 世紀發展中，由於各國彼此間簽訂很多低關稅或免關稅的自由貿易區，因此國界已被打破，所有的人流、物流、商品流、金流、資訊流等都會完全融合在一個大市場中，全球化事業將更容易推動，加上 IT 資訊科技的高度發達，海外的管理已不再有何太大困難了。

因此，杜拉克認為，全球必然成為一個共同市場，全球化的競爭與合作也必然加速進行。杜拉克在 1980 年代提出的這些看法，如今在 21 世紀的今天都已經實現了。

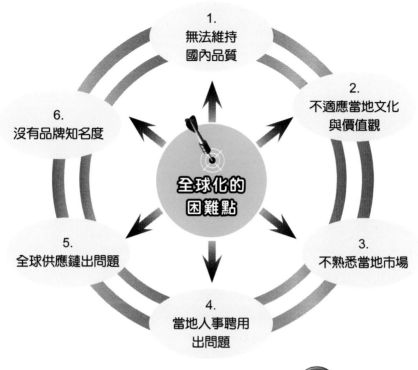

1.
無法維持
國內品質

2.
不適應當地文化
與價值觀

6.
沒有品牌知名度

全球化的
困難點

3.
不熟悉當地市場

5.
全球供應鏈出問題

4.
當地人事聘用
出問題

全球化成功8祕訣

1.放眼全球擬定經營策略

2.因地制宜，入境隨俗

3.組成海外經營團隊

4.聘用當地化人才

5.行銷方式在地化

6.有一套制度化管理

7.運用IT控管

8.投資品牌，打造品牌

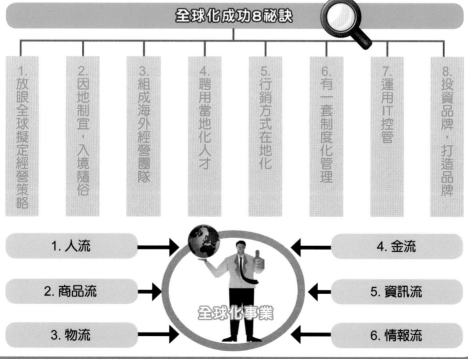

1. 人流

2. 商品流

3. 物流

全球化事業

4. 金流

5. 資訊流

6. 情報流

1-25 要有想法、新點子及啟動改革

　　彼得・杜拉克認為，企業要創新，才會有活路；而公司能夠真正啟動創新或新想法時，源自於十個契機所趨動。

一、老闆與主管都希望創新點子

　　不管在哪家公司、哪個單位，做領導主管的，都會要求部屬：「想辦法做出好產品」、「想辦法達成業績」、「要發想創意，想出不同以往的產品與服務」、「想辦法開拓新市場」、「想辦法再降低成本」、「想辦法創造新價值出來」……等。

　　總之，這些都泛稱為：要創新、要有新想法、要有新點子。

二、啟動創新與改革的十個契機

　　彼得・杜拉克認為公司能夠真正啟動創新或新想法時，源自於十個契機所趨動：

　　1. 公司某些事情發展出乎意料的非常成功或非常失敗時。

　　2. 公司感覺競爭環境非常激烈，而且環境發生巨大變化時。

　　3. 公司感覺需要有新的工作流程、新推動者、新知識啟動時。

　　4. 當產業與市場結構出現變化時 (例如：電子商務網購的出現、智慧型手機的出現等)。

　　5. 當人口與社會結構改變時。

　　6. 當業績與獲利逐步下滑衰退之時。

　　7. 當認知出現變化時 (例如：重視環保、重視養生、重視美食、重視旅遊、重視平價／低價)。

　　8. 當認知到公司開發新產品太慢時。

　　9. 當消費者漸漸離我們而去時。

　　10. 當公司品牌形象漸趨老化之時。

三、站在改革這個打擊區

　　杜拉克認為，當任何一家公司都處在問題重重時，就必須啟動改革、啟動創新，想出新作法與新點子，不要怕失敗，要果敢展開新行動。

　　杜拉克把這些行動工作，比喻為棒球賽的打擊率，他指出每個主管幹部都會隨時被公司要求「站在改革這個打擊區」，並且要「打出有成果的這個球」，亦即要創造出好成績。

啟動改革／啟動想法／啟動點子

老闆要求

→

- 1. 新改革
- 2. 新想法
- 3. 新點子
- 4. 新創新
- 5. 新作法

→

- 1. 提高業績
- 2. 開發好產品
- 3. 提高品質
- 4. 達成預算目標
- 5. 擴大新市場

啟動改革與創新的10個契機

改革與創新之契機

1 面對某項重大失敗時

6 當認知出現與以前不同時

2 外部環境非常激烈競爭時

7 當業績與獲利下滑時

3 新工作流程、新知識必須導入時

8 當新產品開發太慢時

4 產業與市場發生變化時

9 當消費者漸漸離開時

5 人口與社會結構改變時

10 當品牌漸趨老化時

因應經營環境的激烈變化

彼得‧杜拉克非常重視企業大家都會受到外部經營環境的影響，我們只能做好如何因應，但卻無法主動去改變外部大環境。杜拉克一直強調企業應隨時做好因應環境巨變的對策。

一、外部經營環境的變化與網路時代的來臨

杜拉克舉出哪些經營環境變化的影響？包括如下十點：全球化問題、貿易摩擦問題、貨幣匯率問題、環保問題、經濟景氣緩慢成長問題、少子化及高齡化問題、貧富不均問題、市場競爭激烈問題、政府法令法規問題、高失業率問題。同時，杜拉克把普及全世界的網路為社會與經濟帶來的影響現象，稱為 21 世紀的資訊革命，過去是 19 世紀的工業革命，而現代則是資訊革命與網路革命時代的來臨。

二、多樣化的社會

杜拉克認為社會、工作與顧客將會日趨多樣化 (diversity)。包括：

1. 高階科研人員、高階技術人員會扮演更重要知識工作者角色。
2. 單身不婚或遲婚的現象更多了。
3. 宅男、宅女族使網路購物族群更多了，購買通路更多元化了。
4. 小孩子更少了，老年人口突破 10%，將會到 20% 之高。
5. 市場型態愈來愈多元化。
6. 公司組織型態也在求變之中。
7. 行動手機將改變人類生活行為與溝通型態。
8. 公司管理模式必然做一些調整改變。

三、公司如何因應環境巨變

彼得‧杜拉克也提出一些解方，公司究竟要如何因應環境變化呢？他認為首要之務是成立專責組織與專責人員；他們的工作任務，就是每天蒐集來自各方面的資訊情報，提供給公司中高階長官參考。再來，應多出去外面與人碰面、討論並請教問題，多吸取新知與新訊息，包括出國參展、出國參訪。最後，公司應定期至少每月一次，舉行市場變化與因應對策大會，集合相關部門主管及幕僚人員，共同集思廣益與分析評估，以及提出我方的應對措施、計畫方案。

四、管理者要發現及洞見趨勢的轉變

杜拉克認為針對外部經營環境的改變，重要的不是趨勢，而是趨勢的「轉變」。因為，這種趨勢的轉變是決定一個組織及其努力的成敗關鍵。但杜拉克強調，這種轉變只能靠覺察，而無法量化、無法界定、更無法分類。所以，管理者雖然不能改變這種轉變，但他卻能覺察及洞見，這也是身為一個高階管理者的優勢。

外部環境激烈變化10大項目

外部環境巨變

1. 全球化問題	6. 貧富不均問題
2. 貿易摩擦問題	7. 環保問題
3. 貨幣匯率問題	8. 市場競爭激烈問題
4. 經濟景氣低迷問題	9. 政府過時法令問題
5. 少子化、高齡化問題	10. 高失業率問題

公司如何因應環境巨變

1. 成立專責人員、專責組織來做。

2. 多出去外面、外國找人了解、找人討論與請教。

3. 每月開會一次（月會），集思廣益，提出因應對策與計畫方案。

網路與資訊革命時代到來

1. 多樣化社會

2. 環境巨變

3. IT 資訊、網路科技的突破發展

網路與資訊革命時代來臨

企業的商機與威脅？

管理者要洞見、發覺趨勢的轉變

經理人！
管理者！

要洞見、發覺外界經營環境趨勢的「轉變」！

領導者的首要工作，就是要讓號角響起

領導者的首要工作是什麼呢？彼得‧杜拉克一針見血的指出：「有效領導的根本，就是深入思考組織的使命，而且清楚明確的定義它，以及執行它。」

一、領導與管理的差異

對於領導與管理的差異，杜拉克簡單用十多字就說透了：「管理只求不出錯，但領導是要做對的事。」

杜拉克再深入的表示：「領導者要能設定目標，做事情要有先後次序，還要能訂定標準。當然，他也會有妥協的時候。事實上，有效的領導者深知，他們並不是萬物的主宰；但是在妥協之前，他們會仔細思考什麼是對的、什麼是要追求的。領導者的首要工作，就是讓號角響起。」

二、杜拉克最厭惡強人領導者

杜拉克又說到：「一位領導者最可惡的地方，就是當他離開或過世時，這個組織或公司也跟著衰敗或結束了。這在中國四千年前秦始皇帝國時發生過，在史達林過世時的蘇聯也發生過，它也經常發生在各類型的公司中。一位有效能的領導者要知道，領導力最終在考驗的，是人類的能量與視野的生生不息。」

三、誰能創造績效，誰就是領導者

杜拉克早在 1947 年，就指出：「領導者當然很重要。但領導跟領導的特質無關，而且跟領袖魅力更沒有關係。領導一點也不稀奇，也沒有祕訣；領導的本質，就是績效，誰能創造組織的績效，誰就是領導者。企業管理上，並不需要什麼強人領導，領導只是一種手段，但必須腳踏實地，苦幹實幹，而且要一肩扛起所有的責任；勇於負責任就是好的領導。另外，領導的任務，就是要做對的事，並且把績效成果做出來。」

四、「領導者」並沒有一個固定僵硬的定義

彼得‧杜拉克表示，現今許多關於「領導」的討論，其實都沒有什麼讓他感覺深刻的。他曾經跟政府部門許多領袖一起共事過 (包括兩位美國總統杜魯門與艾森豪)，也跟企業界、非政府非營利組織，例如大學、醫院或是教會的領導者，有過許多相處的經驗。

他強調，沒有任何一位領導者是一樣的。成功的領導者只有兩點共同的特質：他們都有許多追隨者 (所以，不是管理階層就是領導者，領導者要有追隨者)；另外，他們都得到這些追隨者很大的信任。

領導者首要工作，要讓號角響起

領導，
讓大家跟著號角向前衝！

第
一
章

彼
得
‧
杜
拉
克
管
理
精
華
理
論

最厭惡強人領導者

杜拉克

> 強人領導？

回到21世紀的現在，看看台塑集團王永慶董事長離世之後的台塑就沒有以前那麼棒了。

> 負責任，能創造績效的平凡領導

再如，具有125年歷史的可口可樂公司，迄今仍屹立不搖，並高居全球最有價值第一品牌公司，但是，誰又記得住現在可口可樂的領導者又是誰呢？

誰能創造績效！誰能勇於負責任！ 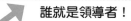 誰就是領導者！

「領導者」並沒有一個固定僵硬的定義

成功的領導者 有許多追隨者 ＋ 得到這些追隨者很大的信任

所以，所謂的領導者並沒有一個定義，更不要說第一流的領導者了。而且，某一個人在當今的情勢下，或者在某一個時機、某一個組織是第一流的領導人，卻很可能在另外一個情勢、另外一個時間，跌得四腳朝天。

成功領導者的十要件

綜合實務上各種觀點，要成為一個成功的領導者，要具有下列十項條件：1. 善於傾聽各主管的意見；2. 善於做出結論與抉斷，以及做出正確的決策；3. 善於以身作則，以工作及品格做擔保；4. 看事情，要有一定的高度與遠見；5. 要能設定終極的發展願景 (vision)，供全員追求；6. 要能為部屬們所信賴、信任及跟隨；7. 要能激勵人心、振奮人心、帶動人心；8. 要善於組成優秀的人才團隊；9. 要無私無我，不圖利自己，以及 10. 最後，要把成功歸諸於員工大家。

知識
維他命

055

1-28 尋覓、發掘人才與重用人才

彼得‧杜拉克對組織如何用人、找人非常重視。因為人才對了，策略就會對。

一、找人與用人，是組織成敗一大關鍵

杜拉克曾說：「用人，在組織裡是一大關鍵。如何找對的人，做對的事，才會有對的成果出來；用錯人，則會傷害組織。」

如果企業的高階經營者，若能時刻尋覓好的人才，又能重用好的人才，這樣的組織必定是卓越與成功的組織。所以，杜拉克強調：「領導者最該做的一件事，就是發掘人才、邀請人才與重用人才；成功的企業家必須做到求才若渴。」

二、傑克‧威爾許花 60% 時間在培育人才上

被譽為全球最佳 CEO（執行長）的美國 GE 公司前任執行長威爾許，在一次接受媒體專訪時，強調了兩件事：

一是他每個月，花費 60% 的工作時間在如何培育及招聘優秀人才上面。

二是只要人才對了，策略就會對；人才，正是策略的第一步。

真是偉哉斯言！這位全球最偉大的 CEO，一再強調找人才、用人才、培育人才這件重要大事；其觀點與杜拉克不謀而合，真是英雄所見略同。

三、如何用才

那到底要如何用才或重用人才呢？杜拉克提出下列五點原則與觀點：

（一）**要完全授權**：既然要重用人才，就該授權讓他去發揮，要完全尊重他們。

（二）**要放手**：除了授權之外，要真正的放手，高階經營者不要在上面又指指點點。

（三）**只管預訂目標是否達到**：高階經營者或老闆只要管一件事情，那就是這些人才們預訂的目標，是否有達到就好了；若沒達到，再適度介入了解及溝通。

（四）**給予鼓勵、獎勵與肯定**：如果人才們達成目標了，老闆就應該給予這些人才們適當與及時的鼓勵、獎勵及肯定，以讓他們有成就感，願意繼續做出更好的成果。

（五）**組織團隊士氣高漲**：重用人才，除了看他們是否達成組織目標外，還要看是不是能夠提高整個組織團隊的士氣與否了。

四、高階領導人才應做的三件大事

彼得‧杜拉克及傑克‧威爾許執行長都一致性的指出，老闆們或高階領導群們，該做好的大事只有下列三件：

一是整個集團或整個公司未來短、中、長期的戰略布局。

二是要制定出好的、對的、正確的策略與方向出來。

三是找人才、求人才、邀人才、發掘人才、培育人才、重用人才及留住人才。

找人與用人，是組織成敗一大關鍵

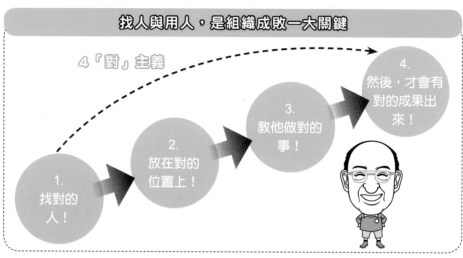

4「對」主義

1. 找對的人！
2. 放在對的位置上！
3. 教他做對的事！
4. 然後，才會有對的成果出來！

如何用才5原則

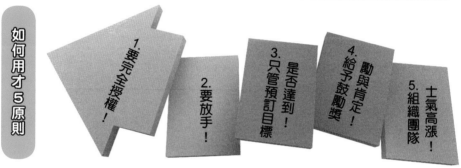

1. 要完全授權！
2. 要放手！
3. 只管預訂目標　是否達到！
4. 給予鼓勵獎　勵與肯定！
5. 士氣高漲！組織團隊

CEO要花60%更多時間在：培育人才上

傑克・威爾許 CEO常做 2件事情

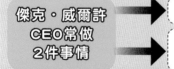

1. 每個月花 60% 時間，在找人及培育人才上！

2. 只要人才對了，策略就會對；人才，是策略的第一步！

高階領導人才，應做的3件大事

① 找人才、求人才、邀人才、發掘人才、培育人才，重用人才及留住人才！

② 做好整個公司短、中、長期的戰略布局！

③ 制定出好的、對的、正確的策略與方向出來！

1-29 尋找並培育出優秀的接班人

　　彼得‧杜拉克早期在擔任美國 GE 公司的經營顧問時，他從那裡學到了「三人法則」，即「一位負責任的 CEO(執行長) 應該要催促自己，在就任三年內，一定要找出或培育至少三位跟他能力相當，或是比他更優秀的接班人。」

　　杜拉克認為，所有的管理者或經理人，都應該對明天的事未雨綢繆才對。杜拉克也曾強調過：「執行長上任的第一天，就應要寫下未來的接班人是誰。」

一、培養經理人的三大原則

　　杜拉克認為培養經理人的第一原則，就是應該著眼在「整體管理團隊的發展」上。其次是，經理人的培養必須是「動態的」，永遠以明天、後天的需求為主。第三，則是重視接班人的栽培，讓培育人才，成為永續經營的組織領導。

　　杜拉克認為凡是不提拔人才，不培育自己接班人，就是最糟糕、最差勁、最不負責任的領導者了。

二、上行下效，人人落實「三人法則」

　　杜拉克認為組織內每個專業經理人或主管們都能上行下效，人人落實培育找出接班人的「三人法則」，則這個組織必然會累積不少 CEO 儲備人才，自然就會形成正向好的良性循環;整個組織就會活化起來，組織績效成果必會卓越非凡。

三、培育接班候選人的條件

　　綜合各種看法，培育一個接班候選人應該有以下八項條件：
1. 具備在某種專業領域之專長與良好績效之人才。
2. 能夠不斷學習，有上進心之人才。
3. 有良好品德、品格之人才。
4. 具備通才化潛能之人才。
5. 符合組織文化之人才。
6. 對組織忠誠之人才。
7. 能保持不斷創新進步之人才。
8. 願意管人與領導別人意願之人才。

四、實務上作法

　　在很多企業的培育接班人的作法，大致有以下三種：一是要求每個功能部門及每個專業部門，都必須有第一代理人及第二代理人的制度出來;也就是當部門主管調職、升職或不能出席會議等狀況時，即由第一代理人接上去。二是平時就成立公司或集團的「高階接班人培訓營」，由人力資源單位施以必要的各種方式教育訓練或討論會等，集中培養公司重點且高階的接班人選。三是針對具有潛力的各種接班人，給予重要專案負責主管模式，加以歷練，看看是否能夠做出成績與能夠勝任。

領導者必須執行「3人法則」

就任3年內 ➡ 一定要找出或培育出至少3位比他更優秀的好人才！

⬇

執行長上任的第一天，就應該寫下未來的接班人是誰！

培養經理人3原則 ➡
1. 應該著眼在「整體管理團隊的發展上」！
2. 必須是動態的永遠以明天的需求為主！
3. 重視各部門接班人及全公司接班人的培養！

培育接班候選人8條件

1. 具備在某專業領域且良好績效之人才
2. 能夠不斷學習且有上進心之人才
3. 有良好品德、品格之人才
4. 具備通才化潛能之人才
5. 符合組織文化之人才
6. 對組織忠誠之人才
7. 保持創新之人才
8. 願意管人與領導別人意願之人才

培育接班人3作法

1. 要求每個部門都必須有第一代理人及第二代理人！
➡
2. 成立公司或集團的「高階接班人培訓營」！
➡
3. 針對有潛力接班人才，給予某項重大專案負責之歷練！

1-30 創業成功的條件

彼得‧杜拉克是很歡迎創業家精神，但創業要成功必須具備哪些條件呢？

一、創業家帶動社會進步

彼得‧杜拉克為什麼這麼重視與歡迎創業家精神，他曾提出：「唯有更多的創業家，才能帶動這個經濟社會的更大進步。」創業家的成功，帶動了就業人口的大量增加，創造社會原物料資源的有效利用，更對國家 GDP 產值的成長帶來很大增長的貢獻。

杜拉克表示，近幾年來全球經濟與社會可以發達這麼快，基本上是仰賴一大群創業家的創業精神所導致的。他希望這種精神可以擴散到更多人的身上，讓社會進步更大更快。

舉例來說，近年來，Google、Apple、三星、facebook、amazon、淘寶網……等網路業或 IT 資訊或電子商務類的成功，無一不是這些創業家發揮創業精神而成功打造出他們的事業，從而帶動文明社會更大的便利生活與經濟的成長。

二、創業公司成功的條件

彼得‧杜拉克舉出創業公司可以成功的幾個條件，茲說明如下：

(一) 徹底洞察市場反應，並發展成新商機：杜拉克認為創業成功的第一要件，就是要先洞察市場還有哪些沒有被滿足的市場存在商機，只有抓住這些利基市場就很有成功條件。

(二) 要有人才經營團隊：杜拉克認為創業成功絕不是一個人的成功，而是仰賴一個好的、優秀的經營團隊的成功。這個團隊成員，必須有互信，必須有各自的專長領域，必須分工合作，然後發揮能力，擔負責任，共同打拼，終會有成功的一天。

(三) 做好財務管理：杜拉克認為在創業前二、三年不太賺錢的時間裡，資金調度、資金籌措、資金準備是非常重要的。一般來說，創業前一、二年，因為營收的規模還不夠大，沒有規模經濟效益，而固定費用又要支出，因此有可能會虧損，因此，財務管理是很有必要的。

(四) 向外部專家請教：杜拉克認為隔行如隔山，很多行業的知識及作法，其實我們不一定都知道，不妨向這個行業的專家或學者請益，可以知道如何解決當前問題，以及知道未來發展方向。

(五) 還要透過管理：杜拉克最後認為，對一個創業公司而言，只有企業家精神仍然不夠，還「需要透過管理機制」，將公司的優良技術與創意，轉變成創造出顧客的事業。

創業家帶動社會進步

創業家

創新精神

・帶動技術突破

・帶動新產品生產

・帶動生產資源利用

Google、Apple、三星、facebook、amazon、淘寶網

 社會進步／經濟產值增加

1. 徹底洞察市場，發展新商機

2. 要有人才團隊組成

3. 做好財務管理

4. 向外部專家請教

5. 還要透過管理

 創業成功5條件

例如，以前 2G 手機不可以上網，也不可以收發 mail，更沒有許多 App；這些都是顧客有需求，但尚未被開發出來的，誰能第一個創造出來，誰就會創業成功，果然 Apple 公司第一個做到了。

1-31 成為有自信與有能力的經理人

　　如何成為有自信與有能力的經理人呢？除了借鏡學習外，把自己當成「事業負責人」的高度，更能為自己與公司打造出更強大的競爭優勢出來。

一、跟最高經營者學習做好一個經理人

　　彼得‧杜拉克雖是一個大學教授，但也做過數十年的企業顧問，並接觸過不少位共事的老闆及董事長們，他發現到這些經營者都有一些共通點，可供經理人們借鏡學習，茲整理說明如下：

　　（一）**經理人一定要了解自己的使命與目的是什麼**：這應該透過與上級主管的請示及討論，得出老闆期待我們自己應該做好些什麼事情，使之更明確。

　　（二）**經理人達成使命必做的事**：為要有效達到經理人（管理者）的目的與使命，大概要做到下列幾件事情，即 1. 為了掌握目標與預期結果及進度，因此最好先寫出有檢查重點的職場行動計畫；2. 定期利用各種機會與人才庫資料，將合適人才安排在合適的位置上；3. 在分派給部屬的任務、期限及相關人員上，都必須一清二楚，不會模糊不清，以及 4. 負責與相關跨部門人員做好溝通，讓他們也清楚職場行動計畫與行動所需資訊。

　　（三）**經理人凝聚團隊意識必做的事**：為了讓整體組織具有團隊意識、有責任感，因此要 1. 精簡會議次數及時間，全力提高生產力，以及 2. 發言時，以「我們」取代「我」，以共有目的與長程願景，來凝聚團隊的意識。

二、經理人把自己當成「事業負責人」

　　經理人雖然不是老闆，但每一個部門經理人的每一個決策，也會影響到公司的發展好壞。因此，杜拉克曾勉勵在組織中的每一個中階或高階的經理人，應該要發揚企業家精神，把自己當成是這個事業的負責人，也要為公司創造出更多顧客，為公司打造出更強大的競爭優勢出來。

三、經理人如何產生自信心與能力

　　如何成為一個有自信心與能力的經理人？杜拉克提出經理人可以努力的八個方向：1. 要努力「做中學，學中做」，從實務工作中歷練出工作能力與信心；2. 要向具有比你更高能力的上級主管及長官學習，包括直屬主管或公司老闆；3. 要在各種會議中學習，因為公司會召開各種不同會議，聽到各種不同報告，都值得學習；4. 要多走出去，向外界學者、專家、行業前輩先進請益；5. 要多出國參訪、參展、拜會、取經學習；6. 要自己嘗試負責一個小型專案，看看自己獨當一面的能力如何；7. 要多培養自己各種面向的思考能力，以及 8. 要多提升自己決策判斷能力。

跟最高經營者學習做一個好經理人

經理人要做好幾件事

1. 一定要了解自己的使命與目的是什麼？
2. 應寫出具體行動計畫。
3. 將適合的人，安排在適合位置上。
4. 分派、交待部屬任務、期限，一定要一清二楚。
5. 與跨部門人員、長官做好溝通協調。
6. 精簡會議次數及時間，全力提高生產力。
7. 凝聚團隊意識。

經理人要把自己當成是「事業負責人」！

經理人如何產生自信心與能力

經理人自信心與能力培養

1. 努力：做中學，學中做

2. 向比你強的長官多學習

3. 利用各種會議學習

4. 多向外界學者、專家、先進學習

5. 多出國參訪、參展、拜會、取經

6. 嘗試自己負責一個專案

7. 多培養自己系統化、結構化、組織化、邏輯化與思考性的能力

8. 提高自己決策判斷能力

公司成長、規模擴大與組織健康

很多企業經營者，都一直想要不斷擴大公司規模，好像組織愈大，就愈有影響力一樣。彼得・杜拉克卻不以為然。

一、質的變化比量的擴大更重要

杜拉克認為：「公司的成長，不是規模的做大；而是質的改變」，所謂質的改變，乃是包括組織結構與行動的變化。

杜拉克認為公司成長與規模擴大，是建立在顧客的支持上面，只要顧客對我們的產品、服務及其他等都很滿意時，我們自然就能規模擴大。但是，當到了我們再如何擴大規模，也無法獲利更多時，杜拉克就認為那時就是「公司的最佳規模了」。

所以，杜拉克不認為公司規模無限制擴張下去，一定是好事；而是希望質量兼具，是最理想的。

二、組織的健康最重要

杜拉克相當重視組織的健康，這些比組織規模更重要。他認為當問員工三項問題，即 1. 公司對你們的努力是否表達過敬意與感謝；2. 公司是否提供你們要成長所需的教育訓練與支援，以及 3. 公司是否知道你對公司有所貢獻。

當員工們都回答「Yes」時，這家公司的組織體就是健康了。很多公司都有定期做員工滿意度調查的制度，也是檢視組織的健康與否。

三、「公司的成長與規模的最佳化」是經營者的責任

公司的成長與規模擴大的最佳化是公司經營者的責任，如何讓顧客願意來我們公司消費；如何創造顧客，公司就能永續經營。質比量更重要，質量兼具是最理想的，一味追求最大，並不是杜拉克所要的。

小博士的話

大不一定是好規模

讓每一個公司都是強而有力的適當規模，是企業經營的必要思維。舉凡成功的大型企業集團，都是由旗下多個中小規模的轉投資子公司形成的。例如臺灣統一超商零售集團，旗下有 30 多家子公司，每家公司都是小而美，但匯聚起來，就是一個很強大的零售軍團作戰部隊了。切記！大不一定就是最好，最適規模及質量兼具，才是理想的！

最佳規模

顧客的支持

組織平衡

獲利

健康的組織體

Yes!

1. 公司對你表達感謝與敬意？

2. 公司知道你對公司的貢獻？

3. 公司提供你成長的培訓？

組織健康
程度高！

質比量更重要

量的擴大　✗

質的強化　✓

公司成長：質量並重，兼具

1-33 打造高成效的理想組織

彼得‧杜拉克認為所謂理想的組織，其實就是有「好成果」的組織。經過他多年的研究與觀察，他列出打造高成效組織的步驟與要件如下文所示。

一、理想組織的三步驟

(一) **打造組織到大腦與骨架**：首先要依據組織的目的與使命及願景，清晰訂出公司發展的主軸經營策略及經營課題，並就重要事業活動，決定事業單位及部門、處別、課別等。

(二) **要充實組織內容**：其次，要完成整個組織架構圖及編制人數，明確訂出經營團隊的負責工作及現場與幕僚工作。

(三) **加上運作組織的肌肉**：這是最後步驟，即是要針對每個職務寫出具體的職務、權力、責任，並設計工作內容、角色、所需的資訊等，然後再透過教育訓練，讓組織成員每個人都知道自己的工作內容，以及向上級、向下及橫向組織溝通協調的必要流程。另外，甚至要訂出很嚴謹的 S.O.P(Standard Operation Process，標準作業流程)。

二、理想組織是扁平的組織體

杜拉克認為理想的組織，就像由經理人負責作曲、指揮的管弦樂團，他提出，只要是以知識工作者為主體，奠基於資訊 IT 為自動化主軸的組織，組織階層最好要少於四層，三層扁平化組織則是較理想的。而且，理想組織必須交給有強烈責任感的員工或經理人來負責。

三、打造高效能組織的要件

彼得‧杜拉克看過很多成功，而且高效能的組織體，他歸納出下列高效能組織的十大要件：一是最高領導者必須是很有智慧、很有遠見、很前瞻、很會布下可長可久大局的卓越經營者；簡言之，公司必須要有一個卓越的最高領導人，他是一個明君，而不是昏君。二是要有一個很有凝聚心、很團結合作、很堅固、很和諧的管理團隊或幹部團隊。三是要設定公司發展願景目標，大家並為此願景而共同追求努力；這是一種全員的動力。四是要賞罰分明；有功勞的、有貢獻的，要立即發給獎金及晉升，或其他鼓勵方式。五是要永存危機感；現代競爭環境非常激烈，不進則退，沒有永遠的第一，唯有全員保持危機感，持續用心努力經營，公司才能長保第一。六是要保持創新；唯有創新，才能領先，才能有好的獲利。七是要洞燭機先，要隨時觀察環境的變化，避掉威脅，並且掌握新商機的出現；這是一種洞察力。八是要做出每一次正確的經營策略與方向。

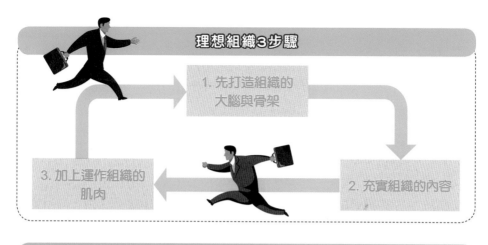

理想組織3步驟

1. 先打造組織的大腦與骨架

2. 充實組織的內容

3. 加上運作組織的肌肉

如何打造高效能組織？

高效能組織8要件

1. 要有一個卓越最高領導人！

2. 要有一個很堅強的合作人才團隊！

3. 要設定大家努力的願景目標！

4. 要賞罰分明，激勵人心！

5. 全員要永存危機感！

6. 要不斷創新、再創新！

7. 要洞燭機先！

8. 要做出正確的經營策略及方向！

扁平化組織

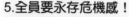

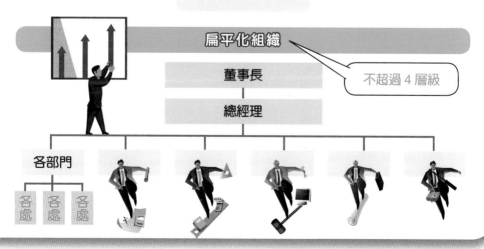

董事長

總經理

不超過 4 層級

各部門

各處　各處　各處

公司經常舉行各種會議，小至各部門內的會議，大至董事長召開的全公司或全集團會議。這些大小會議所形成的結論，對公司日後的營運都會有所影響，因此如何讓會議的進行有一個良好的運作，實在值得關切。

一、會議的重要性

會議之所以非常重要，其原因有以下幾點：

1. 會議的結論，就是公司經營政策與方向的決定。
2. 會議是集思廣益的地方，集合大家不同的看法與認知，形成最後的共識。
3. 會議結束後，就是行動的開始。
4. 會議也是分工、溝通及協調的最好地方，讓大家知道自身的任務為何。

二、會議從做好充分準備開始

杜拉克認為要開好會議，必須先從充分準備開始，這些包括：1. 決定確認開會的目的與主題；2. 確認開會所期待的成果；3. 會議應該的出席人員，勿有遺漏；4. 會議的日期、時間、地點；5. 會前誰要準備什麼書面報告；6. 誰做紀錄；7. 誰做宣讀者；8. 會議所需器材設備；9. 書面報告是否需要事先 e-mail 給大家看；10. 確定書面報告機密等級；11. 是否需要召開海外視訊會議或電話會議，以及12. 誰要事先請假者不克出席，誰是代理人出席。

三、成功主持會議的十項重點

開會一定要有建設性，杜拉克對會議的主持有以下幾點看法：

1. 應該要有一個夠分量的會議主持人。
2. 主持人不要有先入為主觀念，要傾聽大家意見，然後再做出結論。
3. 主持人要清楚知道此會議的目的及產出成果為何。
4. 主持人要讓大家都能發表意見及參與討論。
5. 主持人不能自己訓話太多，也要制止與會人員講話太多。
6. 主持人要注意會議不能偏離主題。
7. 主持人最後要歸納大家意見，加上自己的獨立看法，做下最明智的決策或決定，並獲得大家的認同。
8. 主持人要凝聚出席人員的團隊合作心志，大家知道為何而戰，而且樂於出戰。
9. 會議結束後，會議紀錄人應該在二天把記錄做完，呈給或 mail 給會議主席批示，然後再群發 mail 給所有出席的人員。
10. 紀錄人應記下下次會議再開時的待辦事項及待辦人員為何，以為追蹤考核。

會議的重要性

公司開會的重要性

1. 會議結論，就是公司政策的決定！

2. 會議可供集思廣益，形成共識！

3. 會議結束，就是行動力的開始！

4. 會議有助溝通、協調及分工合作！

會前充分做好準備

1. 確認會議的目的與主題	7. 誰做宣讀者
2. 確認開會的成果	8. 所需器材設備
3. 會議應出席人員	9. 書面報告事先須否 e-mail 給大家
4. 會議日期、時間、地點	10. 確定書面報告機密等級
5. 誰應該準備書面報告	11. 是否須召開海外視訊、電話會議
6. 誰做紀錄	12. 代理出席人是誰

如何成功主持會議？

成功主持會議 10項重點

1. 找一個夠分量的會議主持人

2. 主持人要傾聽大家意見

3. 主持人要知道此會議成果為何

4. 主持人要讓大家都發言討論

5. 主持人要制止某些人講話太多

6. 主持人要注意會議不能偏離主題

7. 主持人要歸納大家意見，再下結論

8. 會議紀錄人，二天後應完成紀錄，mail 給主持人核閱

9. 紀錄應記明下次會議應辦事項及承辦人

10. 主持人要能凝聚出席會議的人心

變革領導與企業家精神

　　彼得・杜拉克一再強調創新不只是簡單改善產品或改善服務或改善工作方法而獲得些許的更好結果而已。在杜拉克心目中，最好的創新，就是整個改頭換面，他稱此為主動式的積極改革，並帶領組織與部屬改變的人為「變革領導者」(change leader)。

一、變革領導者的工作

　　杜拉克指出，要做一個成功的變革領導者須注意做到下列四項：

　　(一) 丟掉昨天的成功：即使過去曾經成功，但如果已經過時，或者不再有用，就不應再留戀了。因此，昨天的成功，不再代表今天一定也會成功的。

　　(二) 要堅持持續改善：要進行改善後的回饋分析比較目標與結果，隨時改善產品與服務及工作方式。

　　(三) 將創新的機會作為，交給有績效能力的人：如果交給平庸且無決心改革的人，那只是虛應故事而已，達不到變革目的。

　　(四) 不應錯過創新的重要時刻契機點。

二、要有企業家精神

　　杜拉克認為在展開變革領導時，要思考下列四個問題的本質：

　　1. 顧客是誰。

　　2. 顧客追求的價值為何。

　　3. 應該提供的成果究竟為何。

　　4. 我們是否真正了解及洞悉顧客。

　　然後再重新審視我們的產品、品質、功能、技術、行銷方法、作業流程及服務。能夠如此作法的態度，就是把自己當作公司老闆的態度，杜拉克說，這就是「企業家精神」(Entrepreneurship)。

三、塑造非變革不可的氛圍

　　杜拉克強調，公司高階在展開變革與創新時，一定要塑造非變革不可的氛圍，讓全民有深刻體會，然後才會齊一行動。杜拉克認為要做下列幾件事情：

　　1. 老闆召開大會，正式莊嚴宣示變革時機的開始了。

　　2. 告訴全體員工，不變的人及不變革的單位，準備要走路了 (資遣掉了)。

　　3. 成立專責直屬老闆的變革與創新專案委員會或專案小組。

　　4. 按照既定時程，逐步推動變革，展現上級的決心，絕不動搖！

成功變革者4項工作

時代在巨大變動中 ➡ 不改革,不行了! ➡

1. 丟掉昨天的成功

2. 要堅持持續改革

3. 交給有能力改革的人

4. 不應錯過創新的重要時刻契機點

 ### 改革要有企業家精神

把自己當作公司老闆的態度來做改革

1. 思考顧客是誰?

2. 顧客追求的價值是什麼?

3. 應該提供的成果究竟為何?

4. 我們真正了解及洞悉顧客嗎?

要塑造非變革不可的氛圍

1. 老闆召開大會,正式莊嚴宣告!

2. 阻礙變革的人,一律請走路!

3. 成立專責單位、專責的人負責推動!

4. 按照既定時程及計畫推動!

一定要變革!

彼得・杜拉克認為很多公司都有很多的團隊，但這只是表象，也不代表這個團隊就是會有高生產力的；即使適才適所，也都還不夠。但要如何提高團隊生產力及其整體績效呢？

一、提高團隊生產力的步驟

杜拉克指出，要使公司的某個團隊有高的生產力，應該從四個步驟來看待：1. 一定要使每個人都清楚工作目的為何、最終成果為何、期中結果為何、相關使用者、作業與步驟，以及工作所需資源支援為何；2. 一定要建構達成最終成果的程序及工作步驟為何；3. 要事先決定評估程序與方法，估算需要投入的時間及過程可能導致的各種結果，以及 4. 要事先備好工作需要的工具，例如 IT、精密儀器設備等。

杜拉克認為，如果能依據這四大步驟執行團隊工作，團隊的工作品質就可以確保，團隊最終成果的績效也就可以達成了。

二、團隊生產力的成功要素

杜拉克又進一步提出團隊生產力成功的五大要素，包括：

1. 要有一個「符合眾望」、「強而有力」的這個團隊最高領導人。

2. 這個領導人要營造出及帶領出這個團隊所有成員的「合作團結」之心志，而不是勾心鬥角或爭權奪利。

3. 這個團隊必須隨時有「資訊」回饋給每個人，了解團隊進度成果做得如何了？還有哪些要加強的。

4. 團隊生產力的成功達成，還需要有公司「資源」的傾力相助，包括人力、財力、物力、資訊力等，即所謂「巧婦難為無米之炊」。

5. 團隊成員每個人一定要有強烈「企圖心」誓死完成此團隊任務使命。

三、展現績效的三個領域

杜拉克指出，每個組織都必須在下列三個關鍵領域裡展現績效，如果無法在任何一個領域展現績效，組織將日趨衰亡。

（一）**直接成果**：即組織需要直接看到的成果，如銷售額和利潤之類的經濟成果。

（二）**建立價值**：每個組織都需要信守一些根本價值，並且一再反覆重申其重要性。就好像人體需要維他命和礦物質一樣，組織如果缺乏根本價值，就可能日益衰頹，陷入混亂和癱瘓。

（三）**為未來培育人才**：組織必須時時注入新血，才能持續提升人力資源的素質，確保組織的永續經營，所以必須設法在今天培養出能在明天擔當營運重任的人才。

團隊生產力成功5大要素

1. 一個符合眾望、強而有力的團隊領導者。

2. 營造團隊成員「合作團結」的心志，勿勾心鬥角。

3. 隨時資訊回饋，了解做的進度及成果如何？

4. 公司「資源」傾力相助。 ⟶ 人力、物力、財力、情報力

5. 團隊每個成員有強烈達成使命的「企圖心」。

提高團隊生產力4個步驟

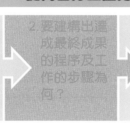

1. 每個人都清楚工作目的為何？最終成果為何？期中成果為何？工作所需支援為何？

2. 要建構出達成最終成果的程序及工作的步驟為何？

3. 要事先決定評估程序與方法，估算所需要投入時間及過程為何？

4. 要事先備好所需工具，例如IT或精密設備。

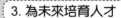

展現績效的3個領域

1. 直接成果

2. 建立價值

3. 為未來培育人才

績效標準與獎懲

知識維他命

杜拉克說：「為保證管理組織的正確精神，必須建立績效的高標準。」作者的說法如摩托羅拉實施的「六個標準差」品質管制，在一百萬件產品中只能有三、四個瑕疵品，較一般企業的品質管制標準（三個標準差，每一百萬件產品可有 66,800 件瑕疵品）嚴格，以高績效因應客戶之需求，建立良好之商譽。

績效標準雖高，但杜拉克反對應懲罰犯錯的經理人，認為愈優秀的人才因勇於嘗試新事物，犯的錯愈多，他說：「我絕對不會把從未犯錯的人升到高階職位上，沒犯過錯的人不會學到如何找出錯誤並改正。」「人非聖賢，孰能無過？」「知過能改，善莫大焉。」因此，領導人要有容人之雅量，允許員工犯錯，從錯誤中實施機會教育，使員工知道如何在跌倒後又爬起來。

有關獎勵，杜拉克提到，企業必須獎勵卓越績效和特殊貢獻，薪資制度要使員工表現優異時可致富，企業必須有一個合理公正的升遷制度，需要明定誰可影響經理的命運，因此，許多企業參採杜拉克的建議提供績效獎金給優秀員工。

企業經營首要講究「誠信」

彼得‧杜拉克在他的管理著作中,多次強調企業絕對要重視「誠信」,他並且用「Integrity」這個英文單位來表達。這個字的涵義有真摯、高尚、遵守倫理道德、貫徹始終、認真、勤奮、健全、完美等諸多意涵,但簡言之,就是指「誠信」兩個字作代表。

一、「誠信」為企業永續經營的第一要件

杜拉克指出,「Integrity」這個字還有目的、使命與言行合一的意思。他表示企業經營者或各階層領導者、經理人在對內或對外工作時,真正做到「言出必行」、「行而必果」是很重要的。

綜言之,杜拉克視「誠信」為企業永續經營生存的根本第一要件,企業失去了誠信,企業就難以在社會立足。中國有句古語:「人無信不立」,正是此意。

臺灣早期有些企業家,是很講究誠信經營的,例如:統一企業集團的高清愿董事長、台塑集團的王永慶董事長、台積電公司的張忠謀董事長……等都是很好」的表率與楷模。他們不僅個人而且企業兩者都做到了誠信經營。

二、「誠信」也是個人工作準則

杜拉克指出,依照他過去在企業擔任顧問的時候,看到有些領導者或經理幹部們有時候並未遵守誠信原則,而出現悔約、擅自修改規定、取消交易、趁機調高價格、掩飾問題、不做危機處理、對員工的承諾與對大眾股東的承諾沒有踐履……等,這些都是違反公司誠信經營的根本原則。

杜拉克特別強調,每一個員工、每一位經理人及每一個高階經營者,在往後工作生涯中,誠信是你取得外部顧客、外部供應商、外部通路商,以及取得內部主管、同事、組織部屬「信賴」的最基本原則與方法。

三、「對內」、「對外」都要誠信

杜拉克認為企業對內、對外都要秉持誠信的態度、原則及政策才行。

(一)對外部誠信:對政府單位、對上游供應商、對下游通路商、對社區、對環保團體、對消費者、對消保協會、對策略聯盟夥伴、對協力廠商、對合資夥伴等都要有誠信原則。

(二)對內部誠信:對員工、對上級、對部屬、對平行單位等也都要信守誠信精神。

杜拉克強調如能做到對內、對外的誠信經營,這種企業必可百年不墜、信譽優良、口碑甚佳、事業必興旺。

誠信的意涵

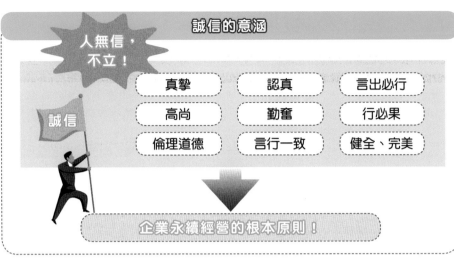

人無信，不立！

誠信

真摯	認真	言出必行
高尚	勤奮	行必果
倫理道德	言行一致	健全、完美

企業永續經營的根本原則！

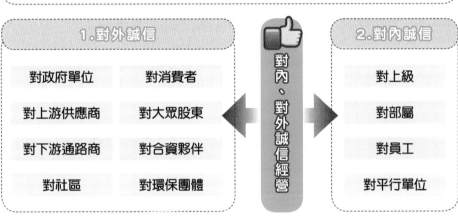

1.對外誠信

對政府單位	對消費者
對上游供應商	對大眾股東
對下游通路商	對合資夥伴
對社區	對環保團體

對內、對外誠信經營

2.對內誠信

對上級

對部屬

對員工

對平行單位

不誠信的作為

任意取消合約

任意拖延貨款

任意調高價錢

任意延長票期

長期對員工給予低薪處理

任意延滯交貨

提供有害人體的產品

掩飾出問題

拔擢優秀人才與人力資源管理

　　早期的人事管理升遷或加薪，大都以私人關係或年資多少作為根據；但是到了21世紀之後，已有大幅轉變。現今，絕大多數的國內外企業大都捨棄了年資主義或私人裙帶關係，轉向以對公司有多少貢獻、有多少生產力價值、有多少程度的重要性及不可或缺性為決定首要因素。換言之，今日企業已進步到績效導向、能力主義、貢獻原則等三大趨勢為主了。

　　彼得‧杜拉克也指出，在各種人事晉升及安排上，除了「適才適所」原則外，最主要的就是「組織要以成果為最優先考量」；其次，再問這個職務是否能夠讓那人發揮長處。

一、看人要看優點，不要看缺點

　　杜拉克談到組織人才好不好問題，他認為組織需要的是「眾人的長處」，因此，他主張任何主管看待部屬，應該看他的優點及長處，而不要把缺點刻意放大，甚至於他還說對部屬的缺點要「睜一隻眼，閉一隻眼」的態度來看待。杜拉克對此解釋說，「哪個人沒有缺點呢？」他自己也有一些缺點，但他說企業及組織用人的原則，就是要儘量用他的優點、強項及長處，至於其缺點，只要不妨礙組織團結與發展就可以容忍了。

二、KPI與BU制度

　　現在很多企業都流行以KPI(Key Performance Indicator，關鍵績效指標)來作為對任何子公司、任何事業部、任何功能部門，乃至於任何個人，來訂定他們在年度某個期間內，應該要產出的績效與貢獻，並作為每個部門及每個人貢獻的考評、考核之用。

　　另外，也流行BU制度(Business Unit，獨立責任利潤中心制度)，此即將公司依產品別、品牌別、分公司別、門市別、館別……等劃分開來，各自賦予權利，但也課以應該創造多少利潤的責任。

　　不管KPI或BU制度，其實都呼應著前述現代人資管理的第一個準則就是倡導「績效導向」管理原則。而這也是杜拉克在晚期管理著作中，也有同樣的強烈主張。

三、拔擢人才，看四條件

　　杜拉克提出，要拔擢人才擔任主管級工作，應該同時看下列四個條件是否具備：

　　一是品德良好。
　　二是能力強，對公司有貢獻。
　　三是具備領導能力。
　　四是主動積極，勇於任事。

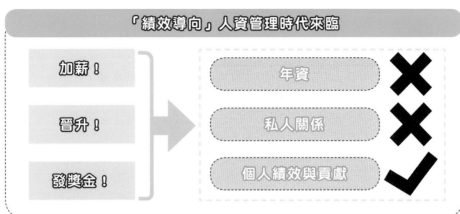

「績效導向」人資管理時代來臨

加薪！	年資	✖
晉升！	私人關係	✖
發獎金！	個人績效與貢獻	✔

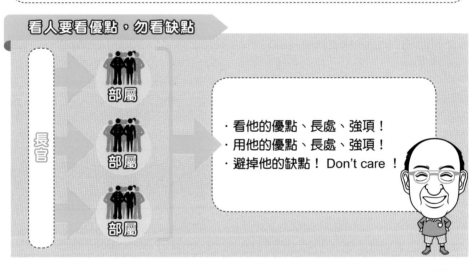

看人要看優點，勿看缺點

長官 → 部屬、部屬、部屬

・看他的優點、長處、強項！
・用他的優點、長處、強項！
・避掉他的缺點！ Don't care！

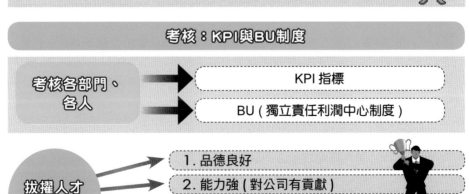

考核：KPI與BU制度

考核各部門、各人
→ KPI 指標
→ BU（獨立責任利潤中心制度）

拔擢人才 4條件
1. 品德良好
2. 能力強（對公司有貢獻）
3. 具備領導能力，能帶一個單位
4. 主動積極，勇於任事的態度

　　彼得‧杜拉克雖是管理學界的世界級大師，但他不只研究製造業的管理模式，他在晚期著作中，也提出現今服務業發展與經營的諸多看法。

　　杜拉克指出了服務業的重要性，也提出服務業要永續經營最重要的三大策略，即創新、差異化及價值延伸等三要項。

一、從臺灣服務業來看創新祕訣

　　(一) 關於「創新」：要設身處地探索顧客內心需求，亦即創新必須對顧客產生價值才有意義。例如，7-11 的捷盛運輸，引進日本物流士作法，讓送貨成為專業，讓司機可以有固定收入，且讓 7-11 得到了準時、快速的送貨服務。

　　(二) 服務創新的「祕訣」：

　　1. 融入顧客的情境：目前我國服務業占 GDP 近 80%，而服務業要脫穎而出，關鍵是「聆聽消費者的聲音，並努力滿足消費者需求」，例如星巴克咖啡就是發現並滿足了「人們對社交、商務的需求」。

　　2. 從核心價值延伸：掌握產品製造、產品加工、服務通路的企業，就是成功！例如酪農先會生產牛奶販售 (低毛利) →接著自行加工產製蛋糕與奶酪等點心販售 (中毛利) →後來乾脆自行創立品牌，以及設立網路或實體營業經銷據點 (高毛利)。

　　3. 將組織變成有機體：若老闆習慣「操控」，只會有「聽話」的員工。但若老闆讓組織成為「學習型組織」，則員工就會積極自己學習成長，變成有用的「人才」。

　　4. 先射子彈再射炮彈：統一集團目前有 56 個提供各類服務的子公司 (如快遞、ibon……)，一開始都是先用 7-11 作小規模實驗，當 7-11 滿意了，才會成立公司，並考慮提供服務給外部客戶。

二、如何提升服務業競爭力

　　(一) 國際化的思維：杜拉克認為服務業要國際化，應該要有下列四點思維，一是必須先在本地有創新整合之實務優質案例；二是必須有相對多的標準化以利複製；三是借重科技產品及資訊平臺，以利控制品質、成本及複製容易；四是重視長期品牌經營，創造應有價值。

　　(二) 創造核心競爭力：杜拉克提出從下列三大面向打造服務業的核心競爭力，一是服務導向的理念；二是優質服務的規劃；三是永續的服務改善。

　　(三) 服務系統思維：杜拉克強調應該從下列五個服務系統思維問題來進一步深入思考，一是消費者要的是什麼；二是服務的價值在哪裡；三是如何找出服務的缺口；四是如何創造不同的體驗；五是如何確保顧客滿意。

服務業永續經營3大策略

例如，南部造船業者，與其面對造船訂單不穩定，乾脆自己設立遠洋漁船隊，自己下造船訂單給自己，且多賺漁業收入。

```
          1.
          創新
            │
2.     服務業     3.
差異化 ─ 永續經營 ─ 價值延伸
```

· 要設身處地的探索顧客內心的需求

➕

· 要隨時聆聽消費者的聲音，並努力滿足消費者需求

---

1. 服務導向的理念

創造服務業核心
競爭力

3. 永續的服務改善

2. 優質服務的規劃

 服務系統思維5問題

服務系統思維 5問題

1. 消費者要的是什麼？

2. 服務價值在哪裡？

3. 如何找出服務的缺口？

4. 如何創造不同的體驗？

5. 如何確保顧客滿意？

如何發揮組織效能

企業要如何經營管理，才能讓組織發揮應有的高效能？其實答案就在團隊合作。

一、團隊合作就能發揮組織高效能

彼得‧杜拉克強調在組織每個部門，甚至每個單位中，都有他們員工不同的專長，即使在同一功能部門，例如財務、採購、生產、品管、研發、物流、企劃、服務、行銷、業務、設計、法務、會計、資訊、人資、行政總務……等，裡面的每個員工相信也或多或少有其不同的專長、強項、優點或特色功能等。

杜拉克認為，如果全公司能將各不同部門的功能及專長發揮、運用，並團隊合作發揮到極致，那麼全公司高績效必然會產生出來。杜拉克又說，結合上級主管的專長再加上部屬們的專長，以及他們彼此間的信賴與團結，就能提高這個單位的團隊作戰力。

杜拉克又強調，主管必須了解部屬們的彼此專長，並且善用這些專長，才能將組織力量發揮到最大。

二、如何提升主管與部屬團隊合作

彼得‧杜拉克認為如何提升主管與部屬間的團結合作，是很重要之事，他主張主管要做好下列事項：

1. 清楚認識每個部屬的個人特質、特性、個性、專長、強項與優點。
2. 要精準適當指派適合的工作給適合的部屬來做。
3. 要把對的人，放在對的位置上，並交待他做對的事情。
4. 要公平、公正、公開對待所有的部屬成員們，使他們認為主管沒有私心。
5. 要對部屬們賞罰分明，該賞、該獎勵的要及時、要快。
6. 當面對一件複大型案件工作時，必須指派二、三個人以上共同分工執行，才能做好此事。
7. 主管對待團隊部屬，要鼓勵重於責罵，但有時也要恩威並濟。
8. 主管有時要身先士卒，要做出表率。

小博士的話

你是成功的主管嗎？

最成功的主管必須要找到能夠彌補自己不夠專長領域的部屬人才，這樣才能夠 1＋1 ＞ 2。有些主管很怕找到比自己更強的部屬，或是不敢承認自己不行與不強的地方，如此，這個單位的績效功能就出不來了。因此，每位主管都必須放大心胸，承認自己的不足，然後找到這方面的專業人才為部屬，組織效能才會提升！

發揮每人不同專長，組織就會高效能

部屬 A 才能	＋	部屬 B 才能	＋	部屬 C 才能	＋
主管才能	＋	信賴	＝	團隊才能展現	

⬇

創造組織高績效

 主管要認清每位部屬專長、才能

主管（經理人）

深入了解及運用 ➡

	才能	專長
部屬 A ➡	…………	…………
部屬 B ➡	…………	…………
部屬 C ➡	…………	…………
部屬 D ➡	…………	…………

如何提升主管與部屬團結合作

主管	＋	部屬們	＝	團隊合作

⬇

1. 主管要清楚了解每位部屬的才能為何	2. 指派適合工作給適合的部屬	3. 要把對的人，放在對的位置、教他做對的事	4. 要公平、公正、公開、無私心對待全體部屬
5. 要賞罰分明	6. 對大型事件，要指派多人共同擔任	7. 獎勵大過於責罵	8. 主管有時要身先士卒，做出表率

1-41 效能與效率同等重要

效能 (effectiveness) 與效率 (efficiency) 既然同等重要，那麼這兩者的差別何在？而究竟是先重視效能，再來才是效率？或者先談效率，再論效能呢？以下乃是彼得·杜拉克對這兩者的區別及優先順序的獨特見解。

一、效能與效率的區別

彼得·杜拉克在談到管理學上兩個專業用語──效能與效率時，曾這樣表示：

(一) 效能：可以說是 do the right things，即指做出正確的事、做對的事。

(二) 效率：可以說是 do the things right，即指把事情做對，或是快速的把事情做完。

杜拉克表示，首先如果沒有做對的事，那麼效率再快也沒用，結果是空忙一場，白做一場。因為，方向都錯了。再來是如果做事效率很慢，速度低於競爭對手，那麼也勝不了對手，儘管做對方向。

因此，杜拉克認為管理者應該把效能與效率二者同時兼具，儘量同時做好它們，這是最理想的。

二、如何做正確的事 (do the right things)

那麼到底公司各級經理人員，應該做好哪些正確的事、如何做好正確的策略及正確的方向呢？

杜拉克提出下列五項根本原則，可作為參考，一是重大決策應集體討論，切勿老闆一人獨斷決策；這樣可使失敗風險降到最低點。二是堅守住專注 (focus) 策略原則，外行的事業盡可能不要去碰。三是決策用的資訊情報，盡可能完善並對稱，切勿在資訊不對稱下做決策；如此，才不會有偏誤。四是下決策或方向之前，應多問幾次的為什麼？ Why ？ Why ？ Why ？直到能說服大家。五是要坦誠做出 SWOT 分析與檢視，了解自身做某些事情的能耐到底如何。

三、如何有效率的做事 (do the things right)

杜拉克認為在競爭非常激烈的今天，如果速度太慢、效率太慢，落後競爭對手太多，那麼企業也不會贏的。因此，杜拉克提出企業應該如何提升做事的效率，包括：

1. 要派出執行力、行動力強大的專責組織人才。
2. 要訂定各期間完成的日期時間表，以作為追蹤考核之用。
3. 要每天或每週定期開會，大家檢討進度。
4. 要用最有效率的方法與工具去執行。
5. 完成的日期，要訂的具挑戰性，要比競爭對手更快速、更短時間。

效率與效能的區別

效能	do the right things！
effectiveness ＜做對的事！＞	

效率	do the things right！
efficiency ＜把事情做對、做快！＞	

效率 ＋ 效能　並進、兼具！

＝ 完美、有競爭力！

＝ 好的管理績效！

如何做正確的事？

做出正確的事！

1. 重大決策，要集體討論！

2. 堅守專注策略，勿碰外行之事！

3. 資訊情報要完整、對稱！

4. 下決策前，多問幾次 Why？

5. 坦誠做 SWOT 分析及檢視自己能力與機會

如何有效率的做事？

有效率的做事

1. 要派出行動力強大的專責組織人才！

2. 要訂出完成日期表，以做考核！

3. 完成日期表，要具挑戰性，要比競爭對手更快！

4. 要用最有效率的手法及工具去執行！

5. 要每天或每週檢討每人的工作進度！

　　好不容易才進入一家夢寐以求的公司工作，卻發現公司的價值觀與自己不合時，要繼續奮戰還是選擇離開？

一、杜拉克也曾因為與公司價值觀不合而離職

　　彼得‧杜拉克在年輕的時候，曾經在倫敦的投資銀行工作過，剛開始工作尚稱愉快，能夠發揮所長，但後來發現公司過於重視金錢，是每天追逐金錢的人生，但他自己重視的是人，故無法與投資公司共存，也不符合自己的價值觀，因此最後選擇了辭職離開，因為杜拉克的人生不是只有金錢人生而已。

二、可以離職的四種情形

　　杜拉克舉出下列四種可以辭職的情況，一是公司對違法、非法事情睜一隻眼閉一隻眼時，而且導致組織敗壞時。二是工作無法發揮所長時，工作情緒低落時。三是個人工作成果不獲公司及上級主管肯定時，也不被認同時。四是公司的企業價值觀與自己的價值觀不相符合相容時。

三、公司應該有哪些好的價值觀

　　杜拉克認為一個他心目中好的公司，將會永續經營的公司，應該把握好下列正確的價值觀：

　　1. 公平、公正、公開的價值觀。
　　2. 要為社會進步與社會服務的價值觀。
　　3. 要帶給全人類幸福的價值觀。
　　4. 要有永續長期經營的價值觀，而不是炒短線。
　　5. 要有正派經營，不違反政府相關法令的價值觀。
　　6. 要尊重倫理道德與注意品德文化的價值觀。
　　7. 要有不斷創新、改革與進步動力的價值觀。
　　8. 要以顧客至上，創造顧客更多更好產品與服務的價值觀。
　　9. 要善待員工，提升員工滿意度的價值觀。
　　10. 要回饋社會，善盡企業社會責任的價值觀。

小博士的話

好價值觀才能長遠

凡是所有想要有長遠發展的公司，都必須要擁有它們自己正確與獨特的價值觀，這些價值觀必要為社會大眾所接受。同樣的，每一位上班族們，你們想要有長期且穩定的工作生涯發展，也必須找到有好價值觀的公司去上班才行。臺灣有很多中小企業或個人小公司的老闆，是缺乏良好價值觀的，這些公司不值得留下來！

與公司價值觀不合，就應離職

個人價值觀	≠	公司價值觀

思考：應否離職！

可以離職的4種情形

1. 公司涉及違法、違規、組織敗壞時

決心離職

3. 個人工作不獲長官肯定時

2. 工作無法發揮所長時

4. 個人價值觀與公司價值觀不相符合時

公司應有正確的價值觀

企業好的價值觀

1. 公平、公正、公開

2. 正派經營

3. 永續經營，不炒短線

4. 尊重倫理道德

5. 善盡企業的社會責任

6. 善待員工

7. 不斷創新、改革、進步

8. 帶給人類幸福

9. 帶動社會進步、為社會服務

10. 堅定顧客導向、顧客至上

在管理事情的處理上，我們經常會碰到所謂優先順序 (priority) 處理的抉擇與判斷問題。抉擇的時機與判斷正確與否，都會牽動經營管理的每一個環節，不可不慎之。

一、「優先順序」觀念的重要性

彼得‧杜拉克認為經理人員或管理者在同時面臨很多事情一起時，自然無法同時一併處理多個事情，因為人力及時間都不允許。因此，主管人員就必須「抉擇」(或選擇)，抉擇就是指要訂出諸多工作的「優先順序」(即 priority)。如果，主管人員都是做些小事、不重要的事、無足輕重的事，那麼組織效能就不能彰顯出來。因此，優先順序的抉擇問題，就是任何管理者很重要必備的觀念了。

二、決定優先順序的十大要點

杜拉克認為決定事情處理的優先順序，有幾項要點如下：
1. 看事情的重要性、多重要、重不重要。
2. 看事情的急迫性？很急迫或不急迫。
3. 看事情的影響性？大影響或小影響。
4. 看事情的局面性？全面性或局部性。
5. 看事情的長遠性或短期性。
6. 看事情的未來性或現在性。
7. 看事情的創新性或保守性。
8. 看事情的戰略性或戰術性。
9. 看事情的解決時間？長或短。
10. 看事情的系統性或片斷性。

杜拉克認為凡是很重要的、很急迫的及很具深遠影響的，都是列好優先順序加以處理好、處理完成，解決問題為首要。其中，具長遠性、具戰略性、具未來性、具創新性、具全局性的，也要指派專人專責處理，不可怠忽。

三、某些事，要決斷停損點

杜拉克認為，公司有些事情必須在管理上，訂下停損點。例如：當公司事業部虧損到何時、當門市店虧損到何時、當某個新產品上市賣不好時、或是……等狀況時，就應該壯士斷腕，下定決心，儘快退出，設下停損點，避免再受到更大傷害；這也是要優先處理的急迫事情。

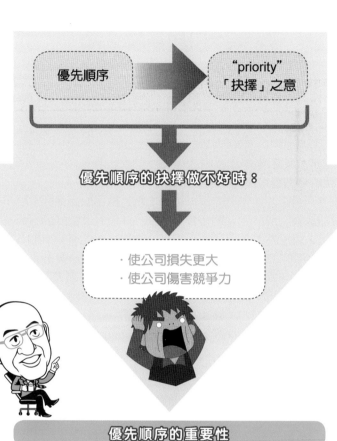

優先順序 ➡ "priority" 「抉擇」之意

優先順序的抉擇做不好時：

‧使公司損失更大
‧使公司傷害競爭力

優先順序的重要性

決定優先順序10大要點

優先順序？

1. 看事情重要性？	6. 看事情未來性？
2. 看事情急迫性？	7. 看事情創新性？
3. 看事情影響性？	8. 看事情戰略性？
4. 看事情全局性？	9. 看事情解決時間？
5. 看事情長遠性？	10. 看事情系統性？

經理人應發展多元化專業知識與經驗

　　彼得‧杜拉克強調面對 21 世紀嶄新現代化及全球化競爭時代的來臨，所有的公司專業經理人，都應該勇於面對挑戰，並且盡可能從單一專業領域朝向多元專業領域而邁進。

一、從單一專業領域到多元專業領域

　　杜拉克建議公司各種專業經理人可從下列單一專業領域擴及到多元專業領域，這樣不但能提高組織效能，而且也能增加自己的競爭優勢：

　　（一）**財務人員**：應該也要略懂營業，才能對數字說出原因及理由。

　　（二）**資訊人員**：應該也要略懂營運流程，才能設計出好的資訊系統。

　　（三）**研發人員**：應該也要懂市場學、行銷學，才能研發出顧客要的產品。

　　（四）**製造人員**：應該也要懂品管學，才能生產出高品質的產品。

　　（五）**設計人員**：應該也要懂美學及消費者心理學，才能設計出顧客喜愛的產品出來。

　　（六）**業務人員**：應該也要懂產品學，才能銷售出好成績出來。

　　（七）**採購人員**：應該也要懂製造流程，才能買到好的原物料及零組件。

二、多元專業領域，有助高度與廣度的養成

　　杜拉克說，當一個管理者只懂自己某一項專業時，他是有深度的，但是他缺乏廣度及高度，因此，不易晉升到更高階副總級、總經理級、執行長級以上的職務。這就像爬一座山一樣，你只有一樣專長，你的位置就在山底下；你有二、三樣專長，可能爬到山的中間位置了，高了一些；若你擁有五、六項專長，你可能就在山頂了，你看到的將會更廣與更遠了、看待事情的高度也夠了。

　　所以，杜拉克認為要成為一個卓越頂尖的中、高階經理人，應該擁有更多工、更多元化專長與能力，是非常必要的。

三、每位經理人應該也要成為一個管理者

　　杜拉克在其著作中，曾提到一個「三位石匠」的故事。

　　杜拉克詢問工作中的石匠：「你為了什麼工作呢？」，他們回答分別如下：第一位石匠說「為了生活」；第二位石匠說「為了磨練技術」；第三位石匠說「為了建造教堂」。

　　專業性愈高，愈像第二位石匠，愈執著於自己的專業領域，但是杜拉克認為第三位石匠才是管理人才。這並不是說第一位與第二位不好，他只是要說第三位石匠有其他石匠所沒有的管理思維，也就是說，會意識到組織的目的與目標。

從單一專業領域到多元專業領域

21 世紀全球化
競爭時代

→ 單一專業領域
經理人

→ 邁向多工、多元
專業領域經理人

卓越經理人：兼具高度、廣度與深度

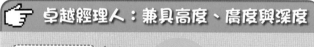

高階經理人

〈高度〉

全方位
專業

多元
專業

〈廣度〉

基層人員

〈深度〉

單一
專業

每個人都應該成為管理人才

第①位石匠說：「為了生活」

第②位石匠說：「為了磨練技術」

第③位石匠說：「為了建造教堂」

第③位石匠才是管理人才，因為他會意識到組織的目的與目標！

1-45　企業決策的判斷力 I

　　判斷力非常重要，比任何事都還重要。尤其身為一個主管人員，在思考、分析、蒐集、撰寫及表達一個決策案的內容，是否具有可行性，以及盲點、問題點、疏忽點、關鍵點、商機等一連串在哪裡的問題與如何執行，均需仰賴高超及迅速的判斷力與決斷力。

一、缺乏判斷力的後果

　　彼得‧杜拉克認為身為主管人員或領導主管，如果缺乏精準及正確的判斷力，將會造成下列不利點：1. 蒐集不出更有效的訊息情報，供撰寫決策案之用；2. 寫不出老闆想要的東西及內容；3. 洞見不到潛在的新商機；4. 洞見不到潛在的新威脅；5. 可能會誤導老闆做出錯誤的決策；6. 可能使執行力過程中，發生疏失或問題；7. 可能使公司不知為何而戰；8. 不可能寫出一份非常好的決策案，以及最終 9. 可能使公司失去整體競爭力及領先地位。

二、如何增強決策能力與判斷能力

　　身為一個企業家、老闆、高階主管，甚至是一般經理人員，最重要的能力是展現在他的決策能力或判斷能力。因為，這是企業經營與管理的最後一道防線。

　　然而，究竟要如何增加自己的決策能力或判斷能力？國內外領導幾萬名、幾十萬名員工的大企業領導人，他們之所以卓越成功，之所以擊敗競爭對手，取得市場領先地位，最重要的原因，是他們有很正確與很強的決策能力與判斷能力。

　　依據杜拉克及筆者的觀察、工作與教學經驗，加以融合歸納下列十一項有效增強自己決策能力的要點或作法，分三單元提供各位讀者參考。

　　（一）多看書、多吸取新知與資訊（包括同業與異業）：這是培養決策能力的第一個基本功夫。統一超商前總經理徐重仁曾要求該公司主管，不管每天再忙，都應靜下心來，讀半小時的書，然後想想看，如何將書上的東西，用到自己的公司及工作單位。依筆者的經驗與觀察，吸取新知與資訊大概可有幾種管道：1. 專業財經報紙 (國內外)；2. 專業財經雜誌 (國內外)；3. 專業研究機構的出版報告 (國內外)；4. 專業網站；5. 專業財經商業書籍 (國內外)；6. 國際級公司年報及企業網站；7. 跟國際級公司領導人 (企業家) 訪談、對話；8. 跟有學問的學者專家訪談、對談；9. 跟公司外部獨立董事訪談、對談，以及 10. 跟優秀異業企業家訪談、對談等。

　　值得一提的是，吸收國內外新知與資訊時，除了同業訊息一定要看，非同業 (異業) 的訊息也必須一併納入。因為非同業的國際級好公司，也會有很好的想法、作法、戰略、模式、計畫、方向、願景、政策、理念、原則、企業文化及專長等值得借鏡學習與啟發。

提升判斷力16要點

如何提升判斷力？

1. 個人經驗要加速累積
2. 具有經驗的長官要好好指導
3. 個人要更加勤奮，勤能補拙
4. 個人要累積更多專長及非專長知識
5. 個人要看更多廣泛性的常識
6. 個人要養成大格局／全局的觀念
7. 個人要具有高瞻遠矚的眼光
8. 個人要參考以前成功或失敗經驗
9. 要加強各種方式的訓練
10. 要加強各種語言（英、日語）的充實
11. 不懂的要多問
12. 要多思考、深度思考、再思考
13. 要了解、體會及記住老闆的訓示
14. 要接觸更多外部的人
15. 要堅持科學化、系統化的數據分析
16. 靠直覺也很重要

缺乏判斷力的不良後果

判斷力？主管人員缺乏 ➡ 不良後果！ ➡

① 誤導老闆做出錯誤決策
② 洞見不到新的潛在商機
③ 洞見不到新的潛在威脅
④ 寫不出老闆級要看的內容
⑤ 產生無效益的決策
⑥ 蒐集不到有效的訊息情報

知識維他命

吸取新知小撇步

以筆者為例，長期以來，每個月都會透過下列管道吸取新知與資訊：1. 報紙：《經濟日報》、《工商時報》、《蘋果日報》財經版、《聯合報》財經版；2. 雜誌：《商業周刊》、《天下》、《遠見》、《今周刊》、《會計月刊》、《數位時代》、《Career》、《廣告雜誌》、《動腦雜誌》；3. 日文雜誌：《日經商業週刊》、《鑽石商業週刊》、《東洋商業周刊》、《日本資訊戰略月刊》、《日本銷售業務月刊》；4. 中文商業書籍：每週至少一本，以及 5. 網站：國內外專業網站、相關公司網站、證期會、上市櫃公司網站等。

試問，可曾聽過「閱讀就是國家的軟實力」？這句話也可套用在主管人員的身上。主管人員除了閱讀之外，也要隨時掌握機會向人學習。

二、如何增強決策能力與判斷能力（續）

（二）掌握公司內部會議自我學習的大好機會：大公司經常舉行各種專案會議、跨部門主管會議或跨公司高階經營會議等，這些都是非常難得的學習機會。從這裡可以學到什麼呢？至少有以下三種學習，一是學到各個部門的專業知識及常識，包括財務、會計、稅務、營業（銷售）、生產、採購、研發設計、行銷企劃、法務、品管、商品、物流、人力資源、行政管理、資訊、稽核、公共事務、廣告宣傳、公益活動、店頭營運、經營分析、策略規劃、投資、融資等各種專業功能知識。二是學到高階主管如何做報告及回答老闆詢問。三是學到卓越優秀老闆如何問問題、裁示及決策，以及他的思考點及分析構面；另外，老闆多年累積的經驗能量也是值得傾聽。老闆有時也會主動拋出很多想法、策略與點子，亦值得吸收學習的。

（三）應向世界級的卓越公司借鏡：世界級成功且卓越的公司一定有可取之處，臺灣市場規模小，不易有跨國級與世界級公司出現。因此，這些世界級(World Class) 大公司的發展策略、人才培育、經營模式、競爭優勢、決策思維、企業文化、營運作法、獲利模式、組織發展、研發方向、技術專利、全球運籌、世界市場行銷、國際資金等都有精闢與可行之處，值得我們學習與模仿。借鏡學習的方式，實務上可歸納成下列三種，一是展開參訪地見習之旅，讀萬卷書，不如行萬里路，眼見為實。二是透過書面資料蒐集、分析與引用。三是展開雙方策略聯盟合作，包括人員、業務、技術、生產、管理、情報等多元互惠合作，必要時要付些學費。

（四）提升學歷水準與理論精進：現代上班族的學歷水準不斷提升，大學畢業生滿街都是，進修碩士成為晉升主管職的「基礎門檻」，進修博士亦對晉升為總經理具有「加分效果」。這當然不是說學歷高就是做事能力強或人緣好，而是說如果兩個人具有同樣能力及經驗時，老闆可能會拔擢較高學歷或名校畢業者擔任主管。

另外，如果你是四十歲的高級主管，但你三十多歲部屬的學歷都比你高時，你自己也會感受些許壓力。提升學歷水準，除了帶給自己自信心，在研究所所受的訓練、理論架構的井然有序、專業理論名詞的認識、整體的分析能力、審慎的決策思維，以及邏輯推演與客觀精神建立等，對每天涉入快速、忙碌、緊湊的營運活動與片段的日常作業中，恰好是一個相對比的訓練優勢。唯有實務結合理論，才能相得益彰，文武合一（武是實戰實務，文是學術理論精進）。這應是最好的決策本質所在。

主管人員應掌握會議學習機會

會議學習很重要！

① 每週主管會報

② 每月損益檢討會議

③ 各種專業會議

④ 跨部門會議

⑤ 高階主管會議

⑥ 最高階董事會會議

主管人員應向世界級卓越公司借鏡

向世界級公司學習！

1. 實地參訪見習與開會討論	2. 透過書面資料 e-mail 提供學習	3. 實際展開策略聯盟合作	4. 引進產品、引進技術、引進人才

主管人員要文武合一最理想

最佳主管人員	文	武
 =	・學問、理論、邏輯思維的精進 ・會寫報告、會做簡報	＋ ・實戰歷練 ・實務經驗 ・第一線工作的體會

什麼是軟實力？

軟實力的概念誕生於國際關係領域，原來指的是某個國家依靠文化和理念方面的因素來獲得影響力的能力。軟實力由哈佛大學肯尼迪政府學院 (Kennedy School of Government) 前院長約瑟夫‧奈 (Joseph Nye) 教授於 1990 年提出的。奈認為，美國在此之前的幾十年中利用文化和價值觀方面的軟實力，成功地獲得了很大的國際影響力，但後來愈來愈多地使用「硬實力」(尤其是軍事力量與經濟手段)，影響力反倒日趨式微。

從主管人員判斷力的增強方式會發現，終身學習是不論行業屬性的必要課題。

二、如何增強決策能力與判斷能力（續）

（五）應掌握主要競爭對手動態與主力顧客需求情報：俗謂「沒有真實情報，就難有正確決策」。因此，儘量周全與真實的情報，將是正確與及時決策的根本。要達成這樣目標，企業內部必須要有專責單位，專人負責此事，才能把情報蒐集完備。好比是政府也有國安局、調查局、軍情局、外交部等單位，分別蒐集國際、大陸及國內的相關國家安全情報，這是一樣的道理。

（六）累積豐厚的人脈存摺：豐厚的人脈對決策形成與分析評估有顯著影響。尤其在極高層才能拍板的狀況下，唯有良好高層人脈關係，才能達成目標，這不是年輕員工所能做到的。此時，老闆就能發揮必要的功能與臨門一腳的效益。

（七）親臨第一線現場：各級主管除了坐在辦公室思考、規劃、安排並指導下屬員工，也要經常親臨第一線。例如，想確知週年慶促銷活動效果，應到店面探訪，看看當初訂定的促銷計畫是否有效，以及什麼問題沒有設想到，都可以作為下次改善依據。另外，親臨第一線現場，主管做決策時，也不至於被下屬矇蔽。所謂親臨第一線現場，可以包括幾個現場：直營店或加盟店門市、大賣場或超市、百貨公司或賣場、電話行銷中心或客服中心、生產工廠、物流中心、民調市調焦點團體座談會場、法人說明會、各種記者會、戶外活動、顧客所在現場等。

（八）善用資訊工具，提升決策效能：IT 軟硬體工具飛躍進步，過去需依賴大量人力作業，費時費錢的資訊處理，現已得到改善。另外，顧客或會員人數不斷擴大，高達數十萬、上百萬筆客戶資料或交易銷售資料等都要仰賴 IT 工具協助分析。

（九）思維要站在戰略高點與前瞻視野：年輕的企劃人員，比較不會站在公司整體戰略思維高點及前瞻視野來看待與策劃事務，這是因為經驗不足、工作職位不高，以及知識不夠寬廣。這方面必須靠時間歷練，以及個人心志與內涵的成熟度，才可以提升自己從戰術位置，躍到戰略位置。

（十）累積經驗能量，成為直覺式判斷力或直觀能力：日本第一大便利商店 7-Eleven 公司董事長鈴木敏文曾說過，最頂峰的決策能力，必定變成一種直覺式的「直觀能力」，依據經驗、科學數據與個人累積的學問及智慧，就會形成一種直觀能力，具有勇氣及膽識下決策。

（十一）有目標、有計畫、有紀律的終身學習：人生要成功、公司要成功、個人要成功，都是要做到「有目標、有計畫、有紀律」的終身學習。終身學習不應只是口號、片段、臨時的，也不應只是應付公司要求、零散的；而是確立願景目標，訂定合理有序的計畫，要信守承諾，以耐心及毅力進行之，這樣的學習才會成功。

主管人員應常到第一線現場去

1. 去門市店　　　　　　4. 去物流中心

企劃人員腳到、眼到、手到、心到

2. 去零售賣場　　　　　5. 去活動舉辦現場

3. 去工廠　　　　　　　6. 去記者會現場

7. 去競爭對手現場

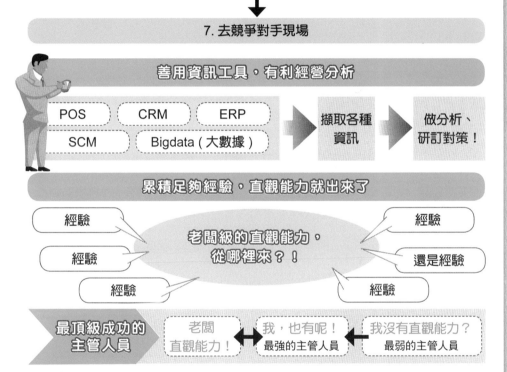

善用資訊工具，有利經營分析

POS　CRM　ERP

SCM　Bigdata（大數據）

擷取各種資訊

做分析、研訂對策！

累積足夠經驗，直觀能力就出來了

經驗

經驗

經驗

老闆級的直觀能力，從哪裡來？！

經驗

還是經驗

經驗

最頂級成功的主管人員

老闆直觀能力！　◀▶　我，也有呢！最強的主管人員　◀　我沒有直觀能力？最弱的主管人員

知識維他命

企業的軟實力

就企業和品牌而言，同樣具有軟實力和硬實力之分。企業的綜合競爭力既包括資本、技術、裝備、土地等生產要素組成的硬實力，也包括企業文化、管理模式、價值觀等體現出來的軟實力。硬實力是企業發展必不可少的物質基礎，企業只要注入大量的資金，搬用易如反掌，而要複製一個企業的文化和經營方式則極為困難，軟實力是不能用錢置換的。過去看一個企業業績僅僅看帳面、硬實力，而現在，更多的是看企業的軟實力及由此產生的凝聚力。它對企業的長期經營業績具有重大作用，是長壽企業的關鍵性因素。

　　彼得‧杜拉克覺得一個成功決策案的產生過程，應該會受到兩種比較高層次的關鍵無形能力的影響，筆者把它們歸納為兩種力量。

一、辨思力、判斷與決策力

　　(一) 無形力量是「辨思力」：亦即指「辨證」與「思考」的能力養成。當面對一個企劃案的構思、撰寫、完成及交付執行之前，到底有沒有經過多人及多個單位的共同討論、辨證、集思廣益、佐證及深思考。從筆者過去多年實務經驗得知，有不少公司、部門及個人，是沒有經過辨思過程的，這就增加了失敗的風險因子。

　　(二) 無形力量是「判斷與決策力」：亦即你是否有能力判斷出對與錯、是與非、值得與不值得、現在或未來、方向對不對、本質是什麼、為何要如此做等相關必須讓你做下判斷的人、事、物。然後，最後是 Yes or No 的決策指令力。

二、心裡隨時放著「深思考」三個字

　　杜拉克強調，你一定要有深思考的習慣及能力，然後你才會有與眾不同的洞見及觀察，也才會看出企劃的問題點及商機點。但這必須平時即養成深思考的習慣性動作，而不是人云亦云，一點也沒有自己的觀點及判斷力。因此，成功的企劃案就會離你愈來愈遠。所以，你的心裡、腦海裡一定要隨時放著「深思考」三個字，請你務必思考、再思考、三思考及深思考，然後再發言、再下筆、再做結論、再做總裁旨示與指導。能這樣子，你犯錯的機會就會降到最低，而成功的機會則會提升到最高。我相信，一個企劃高手，也必然是一個會「深思考」的高手。

三、如何提升深思考能力

　　杜拉克提出如何才能具有深思考的習慣及能力，茲歸納出十點與大家分享：一是思考能力是針對問題核心，一定要直指問題本質，追出最根本的東西。二是思考能力是要從廣度、深度及重度看待；廣度是指全方位、全局、多角度的思考點；深度是指看到縱深的思考點；重度是指能看得遠，找出優先性的思考點。三是思考能力是累積，一定要有充足的經驗、知識及常識，故要累積這三件事。四是思考能力是要集思廣益，即匯聚眾人智慧，而非靠一個人的思考。五是思考能力是不能完全人云亦云，要不斷的問為什麼。六是思考能力是不能完全依賴過去經驗及成功，有時要顛覆傳統及創新的想法。七是思考能力是 to search the truth，一定要追索出真理及真相出來。八是思考能力某種程度是建立在科學數據分析上。九是思考能力是直覺，有時是靈光乍現的、是直觀的、是直覺反射的。十是思考能力是要建立在嚴謹的邏輯推理上。

重大決策過程中2種無形力量

投入
Input

過程
Process

產出
Output

某人、
某事件、某物

辨思力

判斷與決策力

<成功企劃的
兩種無形關鍵能力>

決定

<企劃案>

你有這種能力嗎？

主管人員要深思考

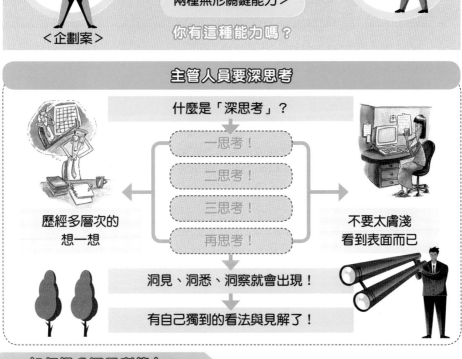

什麼是「深思考」？

一思考！

二思考！

三思考！

再思考！

歷經多層次的
想一想

不要太膚淺
看到表面而已

洞見、洞悉、洞察就會出現！

有自己獨到的看法與見解了！

如何提升深思考能力？

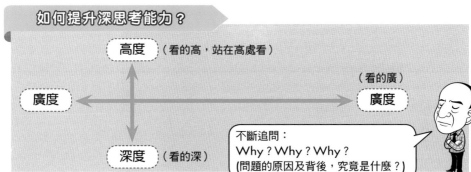

高度（看的高，站在高處看）

（看的廣）

廣度

廣度

深度（看的深）

不斷追問：
Why？Why？Why？
(問題的原因及背後，究竟是什麼？)

企業與顧客導向力

　　彼得‧杜拉克認為任何行銷企劃或業務企劃的最核心點，均應圍繞在堅定及實踐顧客導向的根本信念及指針。不了解顧客的「需求」，不能為顧客創造「物超所值」的價值，以及一旦「離開」了顧客，那麼你將一無所有，任何企劃案都不會成功。

一、顧客導向的真正意涵

　　那麼顧客導向的真正意涵是什麼？杜拉克認為，簡單的說，就是必須：

　　1. 不斷滿足顧客既存需求及未來需求，包括經濟物質面的心理與心靈的雙重需求滿足。

　　2. 帶給顧客物超所值的價值感受，創造他們想要的價值。

　　3. 帶給顧客信賴的永恆保障感受，並且讓顧客偏愛與忠誠於你，然後變成你是顧客日常生活中不可或缺的一部分。

　　4. 帶給顧客不斷有新奇的驚喜，並從心中喊出：「哇！這真是我所想要的！」那麼你就成功了。

二、主管人員培養及深化「顧客導向力」要點

　　彼得‧杜拉克認為任何部門人員都應持續培養及深化他們內心的「顧客導向」信念及一貫思維，這能從下列八點做起：一是公司應明文規定，任何報告案必須在第一頁闡明，即本企劃案你是否實踐了顧客導向？你如何實踐？你必須具體說明或用數據表現出來；你還必須說明顧客到底在想什麼？顧客為什麼需要你並選擇你？二是公司應該讓顧客參與、企劃及設計你正在做的事情；讓顧客音融入我們企劃發想及創意、創新的關鍵一環；並且在參與過程中，用心的聽取顧客的聲音，並做出適當與準確的評估、分析及判斷，擷取有價值的部分。三是沒有修過行銷學課程的非商管學院畢業生，要利用一個月時間，自我研讀行銷學的大學教科書或商業行銷書籍；你必須具備這門基礎學問知識，然後你的語言及思維中，才會有顧客導向的信念及影子。四是要把顧客放在上帝的位置，再把顧客當作發你薪水的老闆，老闆講話，你當然會用心聽；因此，老闆的心、顧客的心，就是你的心。五是應把顧客導向，納入成為公司組織文化的一環、工作流程與機制的重要關卡，以及控管的要點；甚至在公司一進門或工廠一進廠的門口，就應該掛著醒目的顧客導向相關標語及標牌。六是應該多從各種營運數據及市場數據中，去觀察顧客的需求、偏好、選擇及付出是什麼；因為數據會說話，數據代表著顧客的走向及實際正在發生的事情是什麼。七是企劃人員平常應多在各種場合觀察顧客的言行舉止，多思考顧客要什麼及什麼還沒得到滿足，以及我們未來努力的空間何在。八是企劃人員把自己當成顧客、消費者；你必須將心比心、設身處地，如果你是消費者，你將會如何？

企業的核心本質是什麼？

 顧客　 顧客　 顧客

就是任何經營的本質！
Customer

在企業實務上，包括產品開發、包裝設計、功能設計、定價企劃、通路企劃、物流企劃、促銷企劃、業務企劃、廣告企劃、媒體企劃、新商機企劃、服務企劃等諸多企劃的第一條守則，就是「請你實踐顧客導向」。

所以，企業經營必須堅守與貫徹：顧客導向！
Customer-Orientation ➡ 企業才會經營致勝！

 貫徹顧客導向 8 要點

如何貫徹執行
顧客導向？

① 把顧客導向實踐放在企劃案第一頁

② 讓顧客參與你的工作

③ 你必須親自研讀行銷學書籍

④ 要把顧客當成老闆

⑤ 把顧客導向融入企業文化及工作流程

⑥ 從各種數據分析中，觀察顧客導向

⑦ 在第一線現場多觀察顧客

⑧ 把自己當成顧客，然後問自己會怎麼做

如果是這樣的東西、服務、價位、品質、設計、功能、品牌、地點等，你會買它嗎？

顧客導向！經營聖杯所在

企業的本質就是「顧客導向力」的本質反應，成功的企業必然在起心動念上是以顧客導向為起始點，並且再以貫徹顧客導向的執行力過程，作為它的終結點。因此，總結來說，「顧客導向」就是「聖杯」所在。因為，這個聖杯，將指引公司奔向正確的光明大道而成功不墜。

1-50 目標管理的優點及推行

　　「目標管理」一詞最早於 1954 年，由彼得‧杜拉克所寫的《管理實踐》一書中出現的，目前已從當初的觀念漸漸落實到成為一種技術。可見目標管理已是企業必然的管理趨勢，將目標管理有系統的應用於企業內，必可獲得很好的效果。

一、目標管理的意義

　　杜拉克認為所謂目標管理 (Management by Objective, MBO)，是以團隊精神為根本，以提高績效為導向。擬達成向上目標，必須全員集思廣益，貢獻力量。因此唯有主管充分授權，造就民主參與氣氛，才能實現。

　　基本上，目標管理具有以下涵義：
　　1. 它設定要求目標，各級單位均應以此目標為達成使命。
　　2. 它強調有手段、有計畫、有方法的去達成，而非漫無方式。
　　3. 在設定目標過程中，充分讓部屬參與意見溝通。
　　4. 它具有考核獎懲的後續作為，而非做多少算多少。

二、目標管理的優點

　　依據杜拉克的研究，一個有目標的人，其成就通常比沒有目標的人為高。因此目標管理對於企業界提振工作效率，有相當重要的影響。其優點如下：1. 讓屬下有目標可循；2. 讓部屬參與訂定目標，可幫助目標之有效執行；3. 目標成為考核之依據，也是賞罰分明之判斷，有助公正、公開、公平之管理精神建立；4. 有助發掘優秀人才；5. 目標管理有助於授權與分權之徹底落實；6. 讓部屬自己管理自己，建立單位主管擔當責任，並賦予權力的良性組織氣候，以及 7. 透過以上優點，可有助於高階主管與其部屬間之合作共識。

三、目標管理之推行

　　為使目標管理之有效推展，杜拉克提出應包括以下步驟：1. 清晰說明公司採行 MBO 之目的何在；2. 明列實施 MBO 之部門與單位；3. 釐清在 MBO 中各部門之權責關係；4. 明列各部門及單位應完成之目標責任；5. 明列實施 MBO 之時程進度，以及 6. 明列獎懲措施並定期考核。

四、預算管理是核心

　　對國內大型企業或上市上櫃公司而言，在執行目標管理的落實上，經常採用的方法就是年度預算、季預算或月預算的目標設定及追蹤考核，而這些財務預算包括了營業收入、營業收本、營業費用及營業淨利等在內。因此「預算管理」可說是目標管理的核心。

目標管理

企業目標

使命必達　　　　　　　　　　　　　　　使命必達

1. 讓屬下有目標可循

2. 目標可成為考核及賞罰依據

3. 有助授權與分權之貫徹

4. 有助發掘優秀人才及優秀單位

5. 有助公司營運績效提升

6. 有助企業競爭力提升

目標管理的核心

在實務上，「預算管理」是目標管理常執行的核心焦點。

目標管理6大優點

知識
維他命

預測哪些市場環境呢？

例如：人口總量和人口結構的變化，對產品的需求會帶來哪些影響；人口老齡化意味著什麼商機；產業政策、貨幣政策、就業政策、能源政策等調整，對企業的生產經營活動有何影響，應如何利用這些政策；國際政治動盪、經濟危機、地區衝突對國內企業有何衝擊，應採取哪些對策等，都是市場環境預測的具體內容。

1-51 成功領導者的特質與法則

　　彼得‧杜拉克強調現在成功的領導人及經理人須把整個組織的價值及願景，帶進他們所領導的團隊並與團隊分享，而且指揮若定、全心投入以達成公司的策略目標。為實踐分享式的管理，並在組織內成為一位價值非凡的領導人，需要具備以下重要特質及領導原則。

一、成功領導人五種特質

　　杜拉克認為成功領導人應該具備下列五項特質：

　　(一) **使員工適才適所**：了解下屬的新責任領域、技能及背景，以使其適才適所，與工作搭配得天衣無縫。

　　(二) **應隨時主動傾聽**：這涵蓋了傾聽明說或未明說之事。更重要的一點是，這意味著你以一種願意改變的態度，就等於是送出願意分享領導權的訊號。

　　(三) **要求部屬工作應目標導向**：你與下屬間的作業內容，與整個部門或組織目標之間應存在一種關係。在交付任務時，你應作為這種關係的溝通橋梁。下屬應了解其作業程度，才能主動做出可能是最有效率的決策。

　　(四) **注重員工部屬的成長與機會**：無論何種情況，領導人及經理人必須向下屬提出樂觀的遠景。

　　(五) **訓練員工具批判性與建設性思考**：在完成一項工作後鼓勵下屬馬上檢視一些指標，包括如何及為何進行，以及要做些什麼，並讓他們發問，鼓勵他們想出新的作業流程、進度或操作模式，使其工作更有效率與效能。

二、成功領導者六大法則

　　杜拉克強調成功領導者應掌握下列六大法則：

　　(一) **尊重人格原則**：主管與部屬間雖有地位上之高低，但在人格上完全平等。

　　(二) **相互利益原則**：相互利益乃是對價原則，亦即互惠互利，雙方各盡所能各取所需，維持利益之均衡化，關係才會持久。上級的領導，也要注意下屬的利益。

　　(三) **積極激勵原則**：人性擁有不同程度及階段性之需求，領導者必須了解其真正需求而多加積極激勵，以激發下屬的充分潛力。

　　(四) **意見溝通原則**：透過溝通，上下及平行關係才能得到共識，從而團結，否則必然障礙重重。順利溝通，是領導的基礎。

　　(五) **參與原則**：採民主作風之參與原則，乃是未來大勢所趨，也是發揮員工自主管理及潛能的最好方法。這也是集思廣益的最佳方法。

　　(六) **相互領導**：領導就是權力運用、是命令與服從關係的觀念已過時，現代進步的領導乃是影響力的高度運用。而主管並非事事都懂，有時部屬會有獨到見解。

成功領導者5大特質

1　使員工適才適所

若你想透過授權以有效且有用的方式執行更廣泛的指揮權，就需要把握下屬資訊。

2　應隨時主動傾聽

涵蓋傾聽明說或未明說之事，意味著領導者以一種願意改變的態度，等於是送出願意分享領導權的訊號。

3　要求部屬工作應目標導向

作為下屬的溝通橋梁，使下屬主動做出最有效率的決策。

4　注重員工部屬成長與機會

以半杯水為例，你得鼓勵員工注意半滿的部分、不要看半空的部分。

5　訓練員工具批判性思考

部屬完成一項工作後，鼓勵馬上檢視如何進行、為何進行，以及要做些什麼的指標，並給機會發問，鼓勵他們想出更有效率與效能的作業方式。

> 例如過去如何完成這項工作

👉 成功領導者 6 大法則

1.尊重人格原則

職位雖有高低，但人格無貴賤，一律平等，所謂敬人者，人恆敬之。

2.相互利益原則

即對價原則，互惠互利，各盡所能各取所需，維持利益平衡。

3.積極激勵原則

了解個人不同程度的需求，以積極的激勵激發成員之最大潛力。

4.意見溝通原則

透過垂直與平行關係的溝通，得到共識，促成團結，破除障礙。

5.參與原則

民主作風為未來之大趨勢，發揮成員自主管理及潛能，更能達到集思廣益之效。

6.相互領導

現代的領導是影響力的高度運用，主管未必事事精通，因此，主管要有雅量接納部屬比自己高明的意見。

1-52　領導人 VS. 經理人

什麼是「領導」？領導人的特質有哪些？與經理人又有何不同？

一、領導與管理的定義不同

彼得‧杜拉克認為「領導」的定義是：「在一特定情境下，為影響一人或一群體之行為，使其趨向於達成某種群體目標之人際互動程序。」

而杜拉克對「管理」的定義則是：「管理者立基於個人的能力，包括事業能力、人際關係能力、判斷能力及經營能力；然後發揮管理機能，包括計畫、組織、領導、激勵、溝通協調、考核及再行動，以及能夠有效運用企業資源，包括人力、財力、物力、資訊情報力等，做好企業之研發、生產、銷售、物流、服務等工作，最終能達成企業與組織所設定的目標。」

二、領導人與經理人的角色不同

杜拉克認為領導人與經理人兩者角色是不同的：

(一) **方向不同**：經理人基本上「向內看」，管理企業各項活動的進行，確保目標的達成。領導人則多半「向外看」，為企業尋找新的方向與機會。

(二) **面對問題不同**：管理的工作，是要面對複雜，為組織帶來秩序、控制和一致性。領導卻是要面對變化、因應變化。企業組織裡，必然有一部分的高層職務需要較多的領導，另外一部分職位則需要較多的管理。

(三) **兩者無法彼此取代**：管理無法取代領導，同樣地，領導也不是管理的替代品，兩者其實是互補的關係。

(四) **工作重點不同**：管理的工作重點，是掌握預算與營運計畫，專注的核心是組織架構與流程，是人員編制與工作計畫、是控制與解決問題。而領導的重點卻是策略、願景和方向，專注的是如何藉由明確有力的溝通，激發出員工的使命感，共同參與創造企業的未來。正因為如此，管理與領導，兩者缺一不可。缺乏管理的領導，將引發混亂；缺乏領導的管理，容易滋生官僚習氣。

不過，面對不確定的年代，隨著變化的腳步不斷加快，為了因應多變的市場與競爭，領導對於企業組織的興衰存亡，已經愈來愈重要了。

小博士的話

什麼是經理人？

民法稱經理人者，謂有為商號管理事務，及為其簽名之權利之人。公司法則規定公司得依章程規定設置經理人。實務上，經理人包含總經理、副總經理、協理、經副理等職；至於協助總(副)經理的特別助理，位階略高於經理。而計畫主持人、專案經副理等職也屬於經理人。

領導人與經理的區別

	經理人的角色	領導人的角色
1	管理	創新
2	維持	開發
3	接受現實	探究現實
4	專注於制度與架構	專注於人
5	看短期	看長期
6	質問 how & when	質問 how & why
7	目光放在財務盈虧	目光在公司未來
8	模仿	原創
9	依賴控制	依賴信任
10	優秀的企業戰士	自己的主人

領導與管理的差異

1. 出發點不同

- 管理是找出員工個人的持質與能力，將人擺在適當的位置，以正確有效的執行。
- 領導是找出追隨者的共同心理，而加以利用，以達到領導的目的。

2. 要求不同

- 管理是要求人按照基準的方法、制度、系統、規範、程序，正確執行工作。
- 領導是希望人更積極的發揮創意，改善現有的做事方法。

3. 目的不同

- 管理講究的是執行力。
- 領導所要追求的是自發的創造力。

4. 人力運用不同

- 管理是要有效的利用人力資源。
- 領導是要激發人力資源的潛在價值。

彼得‧杜拉克強調資訊情報對任何一個部門的重要性，當然不可言喻，以下我們將探討之。

一、資訊情報的重要性

過去筆者在撰寫經營企劃、競爭分析、行銷企劃或產業商機報告時，最感到困難之處，就是外部資訊情報的不容易準確與及時的蒐集。特別是競爭對手的發展情報及某些新產品、新技術、新市場、新事業獲利模式等；國外最新資訊情報，也是不容易完整取得，甚至要花錢購買或赴國外考察，才能得到一部分的解決。

資訊情報一旦不夠完整或不夠精確時，當然會使自己或長官、老闆無法做出精確有效的決策，也連帶使你的報告受到一些質疑或重做的處分。因此，總結來說，企劃人員的一大挑戰與考驗，就是外部資訊是否能夠完整的蒐集到。

二、資訊情報獲取來源

依筆者多年實務經驗，撰寫企劃案的資訊情報的主要來源，可歸納以下幾點：

(一) 經由大量閱讀而來的資訊情報：這是最基本的。先蒐集大量資訊情報，透過快速的閱讀、瀏覽，然後擷取其中重點及所要的內容段落。

(二) 親自詢問及傾聽而來的資訊情報：這是指有些資訊情報無法經由閱讀而來，必須親自詢問。這部分比例不少，只是必須有能力判斷是否正確？但不管如何，就顧客導向而言，詢問及傾聽其需求，當然是企劃案撰寫過程非常重要且必要的一環。

(三) 親臨第一現場觀察與體驗：除了上述兩種資訊情報來源外，最後還有一個很重要的是，必須親赴第一現場，親自觀察及體驗，才可以完成一份好的企劃案；如果不赴現場，與現場人員共同規劃、分析、評估及討論，又怎麼能夠憑空想像出來呢？因此，走出辦公室，走向第一現場，從「現場」企劃起，也是重要的企劃要求。

三、平常養成資訊情報的蒐集

企劃高手或優秀企劃單位的養成，不是一蹴可幾，至少需要五年以上的歷練及養成，包括人才、經驗、資料庫及單位的能力與貢獻。筆者認為從平常開始，就應展開以下四種有系統的蒐集更多、更精準的各種資訊情報：一是不出門，而能知天下事，即從大量閱讀而來；二是詢問及傾聽而來，即多問、多聽、多打聽；三是從親赴現場觀察而得；四是平時應主動積極的參與各種活動，以建立豐沛的外部人脈存摺。

資訊情報獲取 3 大來源

1.閱讀來源 ➡	2.詢問及傾聽 ➡	3.現場觀察
①閱讀國內／國外各種專業、綜合財經與商業的報章雜誌、期刊、專刊、研究報告、調查統計等。 ②閱讀國內／國外同業及競爭對手的各種公開報告及非公開報告（包括上網閱讀）。 ③閱讀國內／國外重要客戶及其上、中、下游產業價值鏈等業者的動態資訊。 ④閱讀有關消費者研究報告。	向下列單位或人員詢問及傾聽，包括：通路商、銀行、會計師、律師、投資銀行、外資、證券公司、同業記者、上游供應商、競爭對手公司內部消息、政府行政主管單位及其他等。	向下列單位現場人員觀察而來，包括：國內外生產公司、經銷商、零售商、研發中心、設計中心、採購中心、全球營運中心及競爭對手等。

蒐集資訊情報的4管道

平常蒐集更多精確資訊情報的準備

1　不出門，而能知天下事——閱讀而來，大量閱讀
必須指定專業單位、專業人員閱讀，並且提出影響評估及因應對策上呈。

2　詢問及傾聽而來——多問、多聽、多打聽
必須指定專業單位及專業人員去問去聽，並且提出報告上呈。

3　現場觀察而得
經常定期親赴第一線生產、研究、銷售、賣場、服務、物流、倉儲等據點仔細觀察，並且提出報告上呈。

4　平常應主動積極的參與各種活動
藉此建立自己豐沛的外部人脈存摺及活躍的人際關係。

1-54　管理決策與思考力

　　彼得‧杜拉克經過長時間的實務經驗，認為一個成功管理者或經理人，不只要熟悉前文各種可以提升決策能力的知識與技能之外，最重要的還要時時保持頭腦的清晰度，以便做深入的思考。

一、成功管理過程中的無形化關鍵能力

　　筆者深覺一個所謂成功經理人的產生過程，應該會受到兩種比較高層次的關鍵無形能力的影響，我把它們歸納為兩種力量：

　　(一) 辨思力：係指辨證與思考的能力養成。當面對一個報告案的構思、撰寫、完成及交付執行之前，到底有沒有經過多人及多個單位的共同討論、辨證、集思廣益、佐證及深入思考。我過去多年的實務經驗告訴我，有不少公司、不少部門及不少個人，是沒有經過辨思的過程，這就大大增加了失敗的風險因子。

　　(二) 判斷與決策力：係指是否有能力判斷對與錯、是與非、值得與不值得、現在或未來、方向對不對、本質是什麼、為何要如此做等相關必須讓你做下判斷的人、事、物。然後，最後是 Yes or No 的決策指令力。

二、隨時記著「深思考」

　　杜拉克強調你一定要有深思考的習慣及能力，然後你才會有與眾不同的洞見及觀察，也才會看出企劃的問題點及商機點。但這必須平時即養成深思考的習慣性動作，而不是人云亦云，人家講什麼，你就附和什麼，一點也沒有自己的主見、分析、觀點及判斷力。如果你是這樣沒有定見的人，成功的企劃案就會離你愈來愈遠。

　　因此，你的心裡、你的腦海裡，一定要隨時放著「深思考」三個字。請你務必思考、再思考、三思考及深思考，然後再做發言、再做下筆、再做結論、再做總裁指示與指導。能這樣子，那麼犯錯的機會就會降到最低，而成功機會則會提升到最高。筆者堅信，一個企劃高手，也必然是一個會「深思考」的高手。

三、如何提高思考能力

　　至於要如何提高思考能力呢？杜拉克提出以下幾個重點可參考：1. 要對問題的最核心本質是什麼，追出最根本的東西；2. 要從廣度、深度及重度來看待；3. 要有充足的經驗、知識及常識；4. 要集思廣益的思考，而非靠一個人的思考；5. 不能完全人云亦云，要不斷的問為什麼；6. 不能完全依賴過去的經驗及成功，有時要有顛覆傳統及創新的想法；7. 要追索出真理及真相；8. 要某種程度建立在科學數據分析上；9. 有時是靈光乍現、直觀、直覺反射的，以及 10. 要有嚴謹的邏輯推理能力。

主管過程中2種無形力

投入 (Input)

某人、事件、某物

企劃案

過程 (Process)

你有這種能力嗎？

辨思力 ＋ 判斷與決策力

成功主管的兩種無形關鍵能力

產出 (Output)

決定

提高思考能力10重點

① 要對問題的最核心本質是什麼，追出最根本的東西

② 要從廣度、深度及重度來看待 ⟵ ・能看的廣：全方位、全局、多角度的思考點
・能看的深：一直看到縱深的思考點
・能看的遠：優先性 (Priority) 的思考點

③ 要有充足的經驗、知識及常識

④ 要集思廣益的思考，而非靠一個人的思考

⑤ 不能完全人云亦云，要不斷的問 Why？Why？Why？

⑥ 不能完全依賴過去的經驗及成功，有時要有顛覆傳統及創新的想法

⑦ 要追索出真理及真相出來

⑧ 要某種程度建立在科學數據分析上

⑨ 有時是靈光乍現、直觀、直覺反射的

⑩ 要有嚴謹的邏輯推理能力

1-55　優秀管理者的主要習慣

彼得‧杜拉克認為要成為一位優秀的管理者，應具備五項習慣，以下說明之。

一、善於利用有限的時間

他認為，時間是最稀有的資源，絲毫沒有彈性，無法調節、無法貯存、無法替代。時間一去不復返，因而永遠是最短缺的。而任何工作又都要耗費時間，因此，一個有效的管理者最顯著的特點就在於珍惜並善於利用有限的時間。這包括三個步驟，以減少非生產性工作所占用的時間。這是管理的有效性的基礎。

二、注重貢獻和工作績效

重視貢獻是有效性的關鍵。「貢獻」是指對外界、社會和服務物件的貢獻。一個單位，無論是工商企業、政府部門，還是醫療衛生單位，只有重視貢獻，才會凡事想到顧客、想到服務物件、想到病人，其所作所為都考慮是否為服務物件盡了最大的努力。有效的管理者重視組織成員的貢獻，並以取得整體的績效為己任。

一個組織如果僅能維持今天的成就，而忽視明天，那它必將喪失其適應能力，不能在變動的明天生存。

三、善於發揮人之所長

杜拉克認為，有效的管理者應注重用人之長處，而不介意其缺點。對人從來不問：「他能跟我得來嗎？」而問：「他貢獻了些什麼？」也不問：「他不能做什麼？」而問：「他能做些什麼？」有效的管理者擇人任事和升遷，都以一個人能做些什麼為基礎。

四、集中精力於少數主要領域，建立有效的工作秩序

他認為有效性的祕訣在於「專心」，有效的管理者做事必「先其所當先」，而且「專一不二」。因為要做的事很多，而時間畢竟有限，而且總有許多時間非本人所能控制。因此，有效的管理者要善於設計有效的工作秩序，為自己設計優先秩序，並集中精力堅持這種秩序。

五、有效的決策

他認為管理者的任務繁多，「決策」是管理者特有的任務。有效的管理者，做的是有效的決策。決策是一套系統化的程式，有明確的要素和一定的步驟。一項有效的決策必然是在「議論紛紛」的基礎上做成的，而不是在「眾口一詞」的基礎上做成的。有效的管理者並不做太多的決策，而做出的決策都是重大的決策。

優良管理者的5項重要習慣

什麼是優良管理者(經理人)？

| 1. 善於利用有限的時間 | → | 2. 注重貢獻與工作績效 | → | 3. 善於發揮人之所長 | → | 4. 集中精力於少數主要領域,建立有效工作秩序 | → | 5. 有效的決策 |

這包括三個步驟:紀錄自己的時間、管理自己的時間、集中自己的時間,減少非生產性工作所占用的時間。

①貢獻! ╬ ②績效!

每一個組織都必須有三個主要方面的績效:
❶ 直接成果:企業的直接成果是銷售額和利潤,醫院的直接成果是治好病人。
❷ 價值的實現:指的是社會效益,如企業應為社會提供最好的商品和服務。
❸ 未來的人才開發:可以保證企業後繼有人。

☞ 決策是一套系統化程式

有效決策 →
1. 眾口一詞 ✗
2. 議論紛紛 ✓

有效決策 →
有明確的要素及步驟!

發揮人之所長

不要問 <
他能跟我合得來嗎?
他不會做那些事情?

而要問 <
他能做些什麼?
他可以貢獻些什麼?

有效管理要:專心

每個人時間很有限
每個人專長也有限
→
‧要專心!
‧要做優先的事!
‧勿一心多用!
‧勿同時做太多事!

　　杜拉克一生做他所教，教他所做，教做合一，因為管理是一種使命、練習、實踐，更是實務的綜合。我從中體悟到：「管理是觀念而非技術，自由而非控制。管理是實務而非理論，績效而非潛能。管理是責任而非權力，貢獻而非升遷。管理是機會而非問題，簡單而非潛能。」

一、定期檢討

　　年輕時杜拉克碰到的那位總編輯年約五十，不厭其煩地培訓編輯，並樹立紀律。他每週會跟每位討論一週來的工作表現。每年在春節後和六月暑假前，還會利用週六下午和週日全天來檢視前半年的工作狀況：

　　1. 首先提到哪些事做得不錯。

　　2. 指出表現未必很好，但已盡力去做的事。

　　3. 檢討不夠努力的事。

　　4. 毫不留情地批判做得很糟，或是根本沒做到的事。

　　5. 最後兩小時，規劃未來六個月的工作，即該專注做哪些事？該改善哪些事？該學些什麼？會後一週交一份報告給他，說明了自己未來半年的工作與學習計畫。

　　因此，杜拉克從那時起，每年夏天都排出兩週時間，檢討前一年的工作，按照這五點去貫徹，就他自己的顧問、寫作和教學等方面，排定未來一年的工作優先順序，即優先與優後。

二、自我管理

　　「自我管理」要從知道自己的長處和價值開始，大多數知識工作者尤其要這麼做。首先要問自己是：「我的長處何在？」可以應用反饋比較法找著，才能知道自己適合做什麼。然後專注於長處，一輩子僅做一件事，如熊彼得、王永慶等。

　　對知識工作者來講，問自己：「我的做事方式如何？」為什麼愈有才華的人往往最為無效？除了他無法領悟才華並不等於成就，其中的盲點，即在於不知自己做事方式如何？因為要了解自己的做事方式，首先要知道自己屬於閱讀型或傾聽型。其次，也要知道自己究竟是如何來學習？像杜拉克是透過寫的方式學習的；史隆先生是以傾聽他人的意見中學習；有些人要透過聽自己說話來學習；有些人透過實務學習。

　　為了做好自我管理，要問自己：「我的價值觀是什麼？」因為要能在組織中發揮效能，個人的價值觀必須與組織的價值觀相容。而愈早釐清愈有助於自己的未來發展，因為價值觀應該是最終的檢驗標準。

　　「我有哪些長處？長處是什麼？我的做事方式如何？我的價值觀為何？」之後知識工作者必須判定自己適合做什麼？才會有更好的績效、更大的貢獻、更高的成就、更強的滿足。

要定期反省檢討自己

1.
首先，提到哪些事情做的好？

2.
哪些未必很好，但已盡力去做了？

3.
哪些是不夠努力的事？

4.
哪些是應做但卻根本沒做到？

5.
最後，規劃未來半年，應該專注做哪些事？改善哪些事？

定期反省檢討自己

要學習自我管理

　　「自我管理」要從知道自己的長處和價值開始，大多數的知識工作者尤其必須這麼做，他們必須讓自己適才適所，做出最大的貢獻，也必須學會自我發展。他們同時必須學會在可能長達 50 年工作生涯中，保持年輕和活力，並因應變遷而改變自己做事的內容、方式和時機──這是杜拉克語意中肯的倡導。

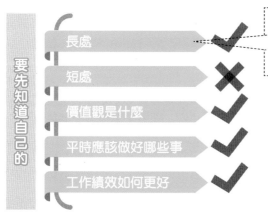

要先知道自己的

長處　✔

短處　✘

價值觀是什麼　✔

平時應該做好哪些事　✔

工作績效如何更好　✔

然後專注於長處，一輩子僅做一件事，如熊彼得、安迪‧葛洛夫、傑克‧威爾許、比爾‧蓋茲、張瑞敏、王永慶等人物。

113

杜拉克的十大兵法,如今都已成功驗證在實務上了。

一、「分權與授權」才能引發學習動機

當今所有的國際大企業全都是依照「分權、授權」而壯大的。

二、用成效來管理,用目標來管理,而非用監督來管理

「資料、e化、科學分析、考評稽核」已成為一切管理的基石。

三、不連續時代的現象

杜拉克指出知識產業時代的來臨,全球經濟取代個別經濟,政府魅力式微。如今 Bill Gates、Google……已替「全球知識經濟凌駕政府權力」做出批註。

四、不創新的風險,比創新高很多

「創新」已成為本世紀所有企業生存發展的馬達,墨守成規的公司縱使沒做錯事,也都活不下去。

五、顧客是企業存在的目的

「以客為尊,顧客至上,客人第一,以消費者為導師……」已成為企業成功的第一信條。

六、管理者的三大使命

管理者的三大使命是「達成目的、使工作者有成就感、履行社會責任」。如今「利己利人之後,還有社會責任」正是當今宣導最興盛的使命。

七、公司經營不能炒短線

「永續經營」是現代所有企業絞盡腦汁在追求的寶典。

八、化社會問題為商機

這個卓見,讓所有企業的領域創新了,不但茁壯了自己,也方便了社會。

九、組織的目的不在管理人,而是領導人

形而下是管理,形而上是領導,杜拉克從實務的管理組織的領導,都創立了典範。

十、家族企業妨礙企業進步

這是「經營權與所有權分開」的理論濫觴。這個兵法讓天下「有才卻無財」的能人,能夠找到發展舞臺,創下榮景的 21 世紀。

用目標及成效來管理

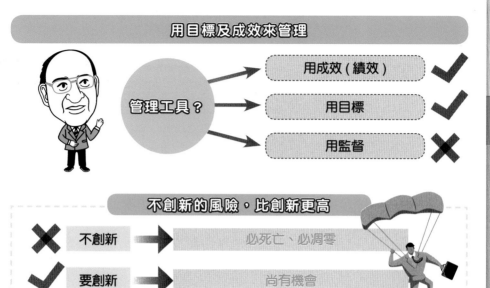

管理工具？

用成效（績效）　✔

用目標　✔

用監督　✘

不創新的風險，比創新更高

✘　不創新　➡　必死亡、必凋零

✔　要創新　➡　尚有機會

企業存在目的

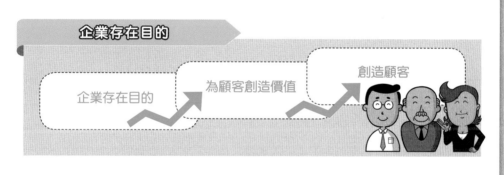

企業存在目的　➡　為顧客創造價值　➡　創造顧客

管理者
3大使命

1. 達成目的

2. 使工作者有成就感

3. 履行社會責任

正是當今宣導最興盛的「公益、環保、慈善、教育、文化」5大使命。

公司經營不能炒短線

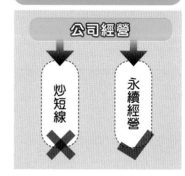

公司經營

炒短線　✘

永續經營　✔

彼得‧杜拉克在其專著中提到，為了擬定及實現集團或公司的經營策略時，必須思考在設定策略目標時，應該要注意下列八個目標領域的均衡或平衡。

一、杜拉克的八個目標平衡

(一) 行銷目標：例如品牌知名度、市場占有率等。

(二) 創新目標：例如新產品開發速度、上市數量、科技突破等。

(三) 人力資源目標：例如人才培育、人才晉升、人才訓練、人才能力、人才數量等。

(四) 資金目標：例如資金充足、資金成本降低、資金存量、資金運用報酬率、未來資金需求等。

(五) 物力資源目標：例如生產製造的設備、廠房，以及 R&D 研發儀器設備等。

(六) 生產力目標：例如每位員工創造的營收額、每人創造獲利額、每人服務來客數、每人成本與效益等。

(七) 社會責任目標：例如是否成立慈善基金會、教育文化基金會、是否贊助各種社會弱勢團體、是否注重環保、是否做到公司治理、是否回饋社會大眾、是否遵守法令等。

(八) 必要獲利盈餘目標：例如公司是否每年都有適當獲利盈餘，而不是年年虧損，以避免浪費社會整體資源。

二、「平衡計分卡」的四個面向

哈佛大學教授羅伯‧卡普蘭曾在幾年前提出知名的「平衡計分卡」(Balanced Score Card, BSC) 的策略管理工具，指出公司經營策略的實踐，應該要考量到四個面向展開分析、設定目標及規劃，包括財務面、顧客面、業務流程面、學習與成長面等四個觀點，加以落實推動。而前述杜拉克的八個目標領域的均衡，與平衡計分卡有點相近似之用途。

三、杜拉克式的「管理計分卡」

杜拉克在其專著中提出，他認為管理最重要的就是要能在四個領域自我評估反省表現如何，此四領域即是人事、創新、策略、投資。因此，不管是這四個領域或前述八個領域目標，這些都是杜拉克認為團隊經理人或中高階管理者必須做好的自我管理與自我評估的，這樣組織才能動起來。另外，杜拉克也建議公司高層應該給全體經理人發一封信函，告知大家都知道公司組織要拓展達成的這些目標，如此，每位經理人才會同步同時動起來，努力達成這些目標。

公司內部管理計分卡

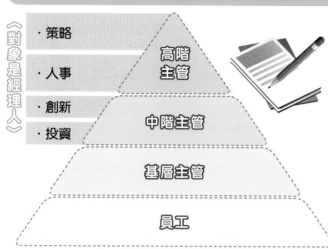

《對象是經理人》

- ·策略
- ·人事
- ·創新
- ·投資

高階主管

中階主管

基層主管

員工

《對象是全體員工》

- ·行銷
- ·創新
- ·人力資源
- ·物力資源
- ·資金
- ·生產力
- ·獲利
- ·社會責任

平衡計分卡

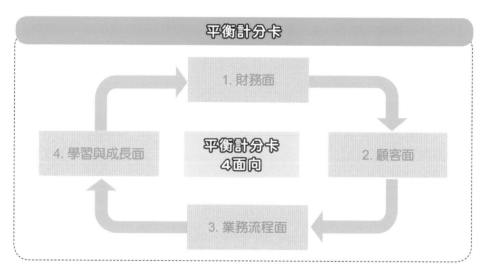

1. 財務面

4. 學習與成長面

平衡計分卡 4面向

2. 顧客面

3. 業務流程面

告知所有經理人

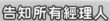

董事長

總經理

宣示：公司8大目標

部屬對主管不能做與應做的八件事

彼得·杜拉克認為組織中每個主管未必都是非常優秀或值得你尊敬或學習，但不管如何，你都不能對主管做出八件事，而是應努力對主管做好八件事，否則將來長官拔擢的可能是他人而不是你。杜拉克特別強調，一個組織能否做出成績，取決於部屬與主管能否團結合作、相互信任、關係良好及發揮各自所長了。

一、部屬對主管不應做的八件事情

杜拉克所指部屬對主管不應做的事情有下列八點：

（一）**不可以批評自己的主管**：不管在明的或暗地的批評，也不能在別部門裡批評自己的主管。

（二）**不可以看不起自己的主管**：不管自己主管有多無能或無擔當，你也不能看不起自己的主管，畢竟主管有他的強項與功績，才有今天的地位。

（三）**不可以拒絕主管交待的事**：不管多困難或不相關自己職責的事情，都不可以在主管面前拒絕他交待你辦的事情。如果真有困難時，你也要找時間好好跟主管溝通說明白，取得主管對你困難的諒解。

（四）**不能拖延完成時間**：主管交待你何時應完成，你就應該努力在該時段內如期完成，或提早完成，則是更好。如果拖延完成，可能會使主管挨了老闆的罵，這樣對主管也是不好的，主管會把這一筆帳記在你的頭上的。

（五）**不能對主管隱瞞事情**：當主管的也很痛恨部屬對他隱瞞事情，更不能報喜不報憂。日後，問題要是爆出來，主管也是要負責的。所以，部屬凡事都不可對主管隱瞞，大大小小事情都必須讓自己的主管了解、知悉及掌握。

（六）**不能對主管太隨便**：雖然已是民主時代，但身為部屬的，一言一行對主管都不能太隨便，包括講話沒大沒小，或某些行為舉動被認為輕浮，不夠成熟穩重。

（七）**不能讓主管不夠信任你**：一旦你的所作所為或做人處事，都讓主管對你不能充分信任及信賴時，主管就不會交代大事給你，也不會對你推心置腹了，因此做部屬的，一定要取得長官的信任感。

（八）**不能讓主管對你收拾不好的後果**：有些部屬因某些因素，導致公司損失及老闆責難，變成主管要為你收拾爛攤子或後果，這也是部屬對主管不能做的。

二、部屬對主管應做的八件事情

相反來看，部屬對自己的長官或主管，應努力做好下列八點：1.適度讚美，肯定自己的主管；2.完全服從自己的長官；3.要取得自己主管的信任、信賴感；4.應完全接受主管交代之事；5.應在主管要求期限內完成交代之事；6.應對主管適度尊重及應有禮貌；7.應對主管完全坦白及透明，以及8.應為主管扛起收拾爛攤子。

部屬對主管不應做與應做的事

部屬不應做的事

不應做的部屬對主管8件事情

1. 不可批評主管	5. 不能對主管隱瞞事情
2. 不可看不起自己主管	6. 不能對主管太隨便
3. 不可拒絕主管交辦之事	7. 不能失去主管對你的信任
4. 不能拖延完成時間	8. 不能讓主管為你收拾爛攤子

部屬應做的事

應做的部屬對主管8件事情

1. 適度讚美，肯定自己主管	5. 應該在期限內完成交辦之事
2. 完全服從自己的主管	6. 應該對主管適度尊重及禮貌
3. 應該取得主管的信任	7. 應該對主管完全坦白及透明
4. 應該完全接受主管交辦之事	8. 應該為主管扛起責任

主管與部屬良好關係，決定了組織的強弱

組織強弱

1. 部屬與主管是否團結合作

2. 部屬與主管是否相互信任

3. 部屬與主管是否關係良好

4. 部屬與主管是否各自發揮專長與強項

　　彼得‧杜拉克在其著作中指出：「激勵員工是發揮員工潛能，創造組織績效必要的管理工具；因為，人性就是必須要有激勵才行。」

一、激勵的重要性

　　杜拉克指出，適當與及時的激勵行動對組織會帶來以下幾點的重要性：1.可以建立賞罰分明的企業文化及組織文化；2.激勵可以為員工發揮他們更大的潛藏能力，奉獻給組織，以及3.最終來說，員工得到激勵，必能發揮能力，對組織的營收及獲利更多，帶來了正向的好的循環。

二、激勵的方式

　　杜拉克歸納出組織對員工的激勵方式或工具，大致可區分為下列兩個面向：

　　(一)物質面：包括1.加薪、調薪；2.晉升職稱或晉升為主管級；3.加發更多的年終獎金或各節獎金；4.依業績獎金制度核發；5.加發年度現金紅利或股票紅利；6.發給股票選擇權；7.高階主管給予配車、配司機、配祕書、配助理人員；8.給予獨立隔間的辦公室；9.給予更大的授權與權力；10.出國旅遊負責招待，以及11.認購公司股份，成為公司股東一分子。

　　(二)心理心靈面：包括1.長官給予部屬適時的口頭讚美或公開讚美或開會時給予掌聲鼓勵；2.舉辦表揚大會、表彰大會；3.長官發出mail鼓勵及肯定，使收到mail的部屬感動，以及4.單位或部門的定期聚餐或聯誼。

三、激勵的原則

　　杜拉克在其著作中，指出對員工的激勵，應該掌握以下六項原則：

　　1.及時激勵、獎勵，勿很久才一次激勵。

　　2.激勵必須堅守公平、公正、公開原則。

　　3.必須制定每個員工都認為合理的激勵、獎勵辦法，使有一致性、標準性原則。

　　4.各階層(高、中、低)的激勵，必須同時兼顧到，不可偏重某一階層或人員。

　　5.激勵的大小程度，必須視個人或單位對組織的具體貢獻或效益而決定之。

　　6.物質及心理兩種層面的激勵應該兼具並重，效果會更好、更大。

四、案例：王品餐飲集團

　　國內第一大餐飲集團王品公司旗下十一個品牌事業部的員工激勵是國內企業最佳示範的標竿企業之一。首先，每個店在次月結帳出來之後，必將上個月盈餘提撥20%～30%，作為次月立刻發出的業績獎金，而且每位員工都會拿到。其次，每個店的店長及主廚師傅均可志願入股該店，成為股東之一，年終有分紅獎金。

激勵的重要性

1. 有助賞罰分明組織文化建立
2. 有助大大發揮員工潛藏能力
3. 有助公司營收及獲利的正向循環

激勵的重要性

兩大類的激勵方式／工具

物質面激勵

1. 加薪、調薪
2. 晉升職稱、晉升主管級
3. 加發年終獎金、各節獎金
4. 發給業務單位業績獎金
5. 加發紅利獎金
6. 發給股票選擇權

7. 可以認購公司股份
8. 高階主管給予配車、配司機、配祕書
9. 給予獨立辦公室
10. 出國旅遊招待
11. 給予更大授權

心理面激勵

1. 長官給部屬適時口頭公開讚美或鼓掌
2. 舉行表揚、表彰大會

3. 發出 mail 鼓勵
4. 單位或個人聚餐或聯誼

激勵6原則

1. 及時激勵
2. 公平、公正、公開式激勵
3. 訂定合理激勵辦法及制度

激勵原則

4. 各階層、各階級激勵均要顧到
5. 激勵大小程度視對公司貢獻而定
6. 兼具物質性與心理性兩項激勵工具

彼得‧杜拉克認為每個員工都應思考自己能夠對組織有何貢獻，進而更加努力與付出，如果員工努力培養出有助於達到成果的能力，將會受到公司肯定你的機會大增。

一、什麼能力可對公司更加有貢獻？

杜拉克提出，每個員工或每個管理者可以對公司更加有其貢獻的四項能力培養如下：

1. 有助於建立良好人際關係的溝通能力。
2. 與主管、同事及其他部門同事共事一起的能力。
3. 能發揮自身長處與管理能力的自我成長的能力。
4. 能幫助他人 (主管、同事、下屬) 成長的能力。

二、何謂「貢獻」？

杜拉克的著作中，顯示他對每位員工對組織的貢獻是很重視的，只有每位員工對組織都有貢獻之後，組織才會長長久久存活下去。

當然，公司組織中，每個部門及每位員工，都有他們對組織做出貢獻的具體不同指標項目；但是，杜拉克指出，最終的六項對貢獻的具體衡量指標項目，應該是：

1. 對公司營收成長有貢獻。
2. 對公司獲利成長有貢獻。
3. 對公司品牌資產累積有貢獻。
4. 對公司整體競爭力成長有貢獻。
5. 對公司市場領導地位成長有貢獻。
6. 對公司企業形象提升成長有貢獻。

三、知識工作者追求的，不只是肯定

杜拉克認為，作為一個 21 世紀科技時代的每一個知識工作者，追求的不只是組織對你所貢獻的肯定，而是要做一個真正「負責任」與「追求完美標準」的使命感！

小博士的話

有貢獻，才有晉升

每次面試時，面試官一定會問你，你能夠對該公司有何「貢獻」？每次開會時，老闆總也會說，你對公司有何「重要貢獻」？以及「做為員工，要有被利用的價值，你才會晉升加薪」等話語，可見，今天企業界普遍都希望能夠為公司貢獻智慧、知識、技術、能力、點子、創作……等，我想，任何想晉升高階主管的員工們，一定要學會如何貢獻給公司！

對公司更有貢獻的4種能力培養

1. 人際關係
溝通能力

4. 能幫助組織中
他人一起成長的能力 → 貢獻 ← 2. 與同事良好
共事的能力

3. 能發揮自身長處
的自我成長能力

貢獻的指標項目

③ 品牌資產
成長

④ 整體競爭力
成長

② 獲利
成長

⑤ 市場領導
地位成長

① 營收
成長

貢獻最終的指標項目

⑥ 企業形象
成長

 知識工作者的追求

知識工作者追求

1. 獲得組織肯定　　　　2. 負責任　　　　3. 追求完美標準

1-62 清楚組織對你的期待並做出成果

　　彼得‧杜拉克認為每一個員工到了新職場或新單位，要獲得長官好的評價，都應該清楚「組織對你的期待」為何，並掌握「設定目標→檢查結果」等原則，以做出好的成果。

一、清楚「組織對你的期待」

　　彼得‧杜拉克認為每一個員工到了新工作職場或調到新工作單位，都應該好好思考以下問題點：

　　一是公司希望我要做什麼及做出何種成果。

　　二是我該如何做些什麼，才能提高成果。

　　三是要集中心力在公司希望我做的重要工作上及哪些是重要工作。

　　四是要了解組織的目標與使命。

二、「設定目標→檢查結果」是做出成果的原則

　　杜拉克認為員工到了新職場或新單位，要獲得長官好的評價，就得靠做出「好成果」來才行。因此，杜拉克強調，每一個員工，都應該自己設定自己在某期間內的產出目標，然後再檢查自己的結果如何；這是做出好成果的首要原則。另外，杜拉克也強調應該定期與你的主管共同審視工作目標與成果，並加以互動討論，使你的工作能夠更加改善與進步。

三、做出績效成果的原則

　　杜拉克還歸納出每一個員工，如何做出好的績效成果出來，應該掌握好下列六點原則：

　　一是設定目標→檢查成果。

　　二是自己要花比別人更多努力、勤奮與時間。

　　三是要定期與長官互動檢討，如何加強，做的更好。

　　四是要多思考如何用更有效、更創新的方法及作法，來做出好成果。

　　五是要不斷升高自己的目標，挑戰自己。

　　六是可以向比自己更強的同事，學習他們的優點及作法。

小博士的話

付出愈多，希望愈多

每位員工想領高薪，想晉升為協理級或副總級的部門最高主管的位置，一定要懂先付出！先做出對公司營運績效有貢獻的重大成果出來才行！讓老闆、讓高階主管看到他們對你的期待實現了，而且還超越他們的期待！這樣子，你的生涯上班族的日子，就不會是低薪了！切記！皇天不負苦心人，即是此意！

清楚「組織對你的期待」

組織對我的期待

1. 公司希望我要做什麼？做出何種成果？

2. 我該如何做些什麼，才能提高成果？

3. 要集中心力在公司認為最重要的事情上

4. 要了解組織的目標與使命

 ## 設定目標→檢查結果

1. 設定目標！　　2. 檢查結果！　　3. 做出好成果！

做出好績效成果6項原則

1. 設定目標
→檢查結果

2. 自己要花
比別人更多努力、
勤奮與時間

6. 向比自己更強的
同事學習進步

做出好成果

3. 要定期與
長官互動檢討，
如何做更好

5. 要升高自己的
目標，挑戰自己

4. 要多思考運用
有效創新作法

1-63 負責任的工作態度與貢獻

什麼工作態度才是所謂的「負責任」？而負責任的工作態度，可以為自己及公司帶來什麼「貢獻」呢？

一、工作的原則是「貢獻」

彼得‧杜拉克曾說過一句話：「貢獻是工作的基本態度」。貢獻是指組織成員中，對公司、對同事、對長官、對部屬、對消費者、對朋友、對廠商等的一種有形與無形的幫助。

當上述這些人們，對你的貢獻感到滿意時，那麼工作就算有了成果；同時，我們自己也一定能感受到價值，而想把事情做的更好，讓各方都更滿意。能做到這樣，就是偉大的貢獻了。

二、你希望後人記住你什麼？

杜拉克在其著作中，提醒大家「你希望後人記住你什麼」，當每一個員工思考如何藉由工作付出貢獻與價值時，可以從這句話獲得提示與啟發。

例如，杜拉克就是被後人永遠記住：他是第一位管理學的啟蒙大師，他對企業及社會的貢獻，令人永難忘懷。

三、負責的工作態度

杜拉克重視每個員工的「負責任」工作態度，更加甚於頭銜，他強調每個主管或每個員工，都要能夠「自我管理」及「自我負責」的必備工作態度。

彼得‧杜拉克的一生都在追求完美，並且終其一生都在研究「管理」的學問。杜拉克的一生也讓我們了解到，工作的成功不在於出人頭地，而是對自己的工作負責，並且不斷追求完美。

四、成功上班族應有的工作態度

要作為一個現代的、成功的上班族，應該具備哪些工作態度呢？可以歸納出下列幾點：

1. 負責任的工作態度。
2. 追求完美的工作態度。
3. 主動積極的工作態度。
4. 服從長官的工作態度。
5. 為公司創造價值的工作態度。
6. 重視貢獻與成果的工作態度。
7. 承擔重大任務的工作態度。
8. 善於團隊合作的工作態度。
9. 善於溝通協調的工作態度。
10. 善於激勵部屬的工作態度。
11. 身先士卒、以身作則的工作態度。
12. 善於領導與被領導的工作態度。

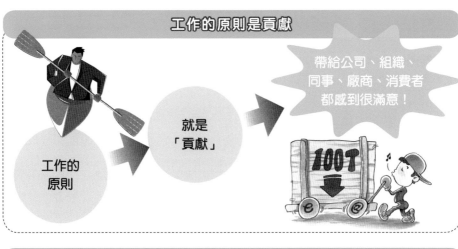

工作的原則是貢獻

工作的原則 → 就是「貢獻」 → 帶給公司、組織、同事、廠商、消費者都感到很滿意！

你希望後人記住你什麼？

工作一生的價值何在？ → 你希望後人記住你什麼！

要成為對組織、對社會有貢獻的人！

成功上班族應有的12項工作態度

1. 負責任	7. 承擔重大任務
2. 追求完美	8. 善於團隊合作
3. 主動積極	9. 善於溝通協調
4. 服從長官	10. 善於激勵部屬
5. 為公司創造價值	11. 身先士卒、以身作則
6. 重視貢獻與成果	12. 善於領導與被領導

聯發科技董事長蔡明介談彼得·杜拉克

知名的臺灣商業周刊曾在第 952 期專訪聯發科技董事長蔡明介，談他對管理學之父彼得·杜拉克的看法，相當精闢，值得摘述如下，提供讀者參考。

一、《有效的經營者》是少見的經典

彼得·杜拉克四十年前出版的企管書，是蔡明介近二十年來放在案頭，每次思考管理問題時，就會隨時拿出來讀的祕笈。在他的眼中，四十年前，彼得·杜拉克所寫的《有效的經營者》正是少見的經典，其他企管書都只夠格當「註」，是經典的補充資料。

《有效的經營者》出版於 1966 年，蔡明介近二十年來，每次思考管理問題時，他就會拿出來翻一翻的重要著作。「每次看都會有不同的感覺，因為經典就會隨著時代，讓你每次看，想的東西都不一樣。」

二、效率是一種習慣

蔡明介認為，彼得·杜拉克的書對年輕人而言，是有些嚴肅而無聊，書的內容也十分理論，但是杜拉克早在 1959 年，就已提出「知識經濟」概念，更重要的是，《有效的經營者》，早已預見了現在腦力競爭時代的基本原則。

蔡明介認為杜拉克的觀念，「其中很多觀念，到現在都還可以用，就是這樣，才叫經典。」四十年前此書出版時，管理知識工作者的決策原則，付之闕如，因知識工作者生產的是構想、資訊，不像生產線上的工人，有成品和成效可供計算。

杜拉克卻發現，知識工作者的效率，跟聰明才智、個性無關，聰明人容易把熱鬧和忙碌當成「創造」，忙了半天卻一事無成。「但所有組織都有一群人，笨拙但做事穩重，工作非常有效果。」杜拉克認為，要成為有效率的知識工作者，只要不斷練習，就能進步。他認為，「效率是一種習慣」，要成為有效的經營者，只要練習如右文的五種基本的管理習慣，就能達到效果。

三、知識要變成個人特有思想

蔡明介也提醒讀者，看杜拉克管理書不是照本宣科，而是看大師點出的原則，讀這本書，不能把長期原則，當成短期思維硬套，必須消化後，找出自己的方向。「杜拉克說，知識就是要變成你個人特有的思維，在沒有變成你個人特有的之前，都只叫資訊而已。」思考原則的威力在於，找出企業自己都沒有察覺的根本錯誤。像許多企業目標，常放在解決過去問題，或是把現在能力調整得更好，杜拉克卻認為，這麼做，卻是設錯了目標，因為今天的資產，可能明天就變成負債，企業該瞄準的是未來的機會，對於過去既有的能力，應隨時都有拋棄的準備。

成為有效的經營者	要成為有效率的知識工作者	只要不斷練習，就能進步！

效率是一種習慣

管理習慣應具備5種基本

1. 有效的管理時間
2. 明確自己對達成組織目標的貢獻
3. 了解自己的特長及優點，以達到最佳效果
4. 設有正確的問題解決順序
5. 綜合上述原則的有效決策

蔡明介認為，知識工作者都可以看看這本《有效的經營者》，如杜拉克所說，知識經濟時代的管理者，就是負責運用知識，產生績效的人，即使只是一個工程師，也必須管理自己、做決策。

 運用知識，產生績效

1. 知識經濟時代的管理者

2. 就是負責運用知識，產生績效的人

3. 即使是一個工程師，也要管理自己，做出決策

知識，要變成個人特有思想

知識　➡　變成自己獨特的思想！　➡　否則，只是資訊而已！

 沒有反對意見的決策是個警訊

對決策過程，杜拉克也有跟一般人不同的看法。一場會議中，所有人都一致同意某個方案時，在一般公司或許代表決策無懈可擊，在杜拉克眼中，卻是個警訊。他認為沒有反對意見的決策，過程少了對替代方案的討論，也沒有對現有方案的缺點檢視，最容易形成問題，一旦情況有變，執行策略就會打亂，影響效率。

Date _____/_____/_____

第 **2** 篇　管理的智慧

第1章
聯強國際公司總裁杜書伍的管理概念

知名的聯強國際公司總裁杜書伍先生，曾經在其《打造將才基因》一書中，對於員工能力的內涵及養成，有很精闢的講解；茲摘其要點分六單元介紹。

一、「能力」的內涵

仔細分析「能力」的內涵，其實包含了三大部分，「專業知識」固然是其中之一，但除此之外，還包括執行、處理事物的方法與經驗(即「執行能力」)，以及學習、反省檢討的能力(即「學習能力」)。這三個部分共同構成了一個人是否有能力成事，並且不斷提升精進的基本條件。

「執行能力」牽涉的層面相當廣泛且細膩。首先，要能掌握不同事物間的輕重緩急，要懂得階段性、循序漸進推展的道理；執行事物時，必然會產生與其他人溝通協調的需要，因此溝通技巧與方法不可或缺；事物的推展不可能靠一個人就能完成，必須懂得宣導的技巧與方法，並且知道如何把一群人組織起來，分工合作將一件事物「做出來」；由於執行事物必然牽涉到「人」，所以對於人的行為模式與心理特質的認知也很重要……等等。諸如上述種種，都屬於「執行能力」的範疇。

至於「學習能力」，則是專業知識、執行能力兩方面能否精進的關鍵所在，可謂個人能力的基礎源頭。學習能力除了包含態度上是否有心要學，以及是否懂得正確學習方法之外，一般人很容易忽略的一點是，持續地自我反省檢討也是個人學習能力不可或缺的一環，如果不能時時自我反省檢討，學習的成效便大打折扣。

二、三種能力，各有用處

個人能力的成長，必須上述三方面均衡發展，不可偏廢。有些人專業知識非常豐富專精，談起事來頭頭是道，但到了實際執行時，得到的結果卻是奇差無比。事實上，只有專業知識而缺乏執行能力，並不足以成事，所有談論的事物即使再理想，也都只是空中樓閣。沒辦法執行落實以得到最後結果的話，絲毫沒有價值可言。

反過來說，如果執行能力很強，但是缺乏專業知識的話，則因為無法正確地分辨、判斷事物，而很容易導致把事物執行到錯誤的方向去。雖然最後還是把事情做出來了，但是卻沒有把事情做「對」，這種情況同樣無法產生好的結果。

專業知識、執行能力、學習能力是能力的三大部分，一個人必須這三者兼具才可以稱得上是「有能力」。學習能力是個人能力的基礎；具有專業知識才能做出正確的選擇與判斷，避免走錯方向；而執行能力強，才能讓事物產生結果與價值來。一個人也唯有三者同時注重、均衡發展，其能力才可真正地提升。

能力的3種內涵組成

能力的內涵

↓ ↓ ↓

1.
專業知識能力

2.
執行能力

3.
學習能力

↓

有能力的幹部或主管

3種能力，各有用處

1.學習能力

是個人能力的基礎。

2.專業知識能力

才能做出正確的選擇與判斷，避免走錯方向。

3.執行能力

才能讓事物產生出好的結果與價值。

終身學習

1.專業知識能力

2.執行能力

3.學習能力

→ 必須：
終身學習

→ 與競爭力！才能每天保持進步

1-2 養成能力的五個等級

　　杜書伍先生在其所著《打造將才基因》一書中，提到在工作或生活當中，我們不斷地在學習各種事物或技能，而隨著對同一件事物運作得更熟練、了解得更透徹、應用得更廣泛，一個人的能力也跟著逐步提升。如果仔細分析一個人在某一領域的學習成長過程，則在不同的成長階段所反映出來的能力高低，大致可以分為五個等級，分別稱之為：不會、會、熟、精、通。

一、經過學習，從「不會」到「會」

　　當我們接觸到一件新的事物時，因為沒有人是天生就會的，所以必定是從「不會」的階段開始。透過學習，我們知道了基本的方法與步驟，於是學「會」了這件事。

二、不斷的操作練習後才到「熟」

　　學會了一件事物之後，透過反覆不斷的操作練習，經過一段時間之後，進步到可以把這件事做得很有效率、做得很好，則能夠稱之為「熟」。

　　也就是說，一個人在能力上達到「熟」的等級，代表著他能夠在效率與品質這兩方面，同時達到一定標準的要求，對事物的運作與執行滾瓜爛「熟」。

　　一個人的能力到達這個等級時，大抵能在既有的工作崗位上，表現得中規中矩，還算稱職。

三、能夠深度了解，才能提升到「精」

　　「熟」的往上一個等級是「精」，在職場上，唯有達到這個等級的能力，才有資格在一家公司當中，擔任基層主管到中級主管的職位。

　　要提升到「精」有一個先決條件，即要對於所從事的工作能夠有「深度」的了解。而一個人唯有具備「獨立思考」的習慣，並且習慣性地運用「系統性的思考」與「結構性的分析」，才有可能對於事物產生徹底而深度的了解。

四、從「精」到「通」，是一個較漫長與難度較高的過程

　　就工作上而言，一個人能力要提升到「通」的等級，必須在同一領域經歷過兩種類型以上的事物，在「精」於不同類型的事物之後，比較分析不同類型之間的差異，加以去異求同，而在面對此一行業內的其他新事物時，便能夠駕輕就熟地因應。一個人的能力提升至此，可稱之為「通」，也就是融會貫「通」的意思。

　　在學習成長的過程中，對於一件事物從「不會」到「會」，再到「熟」，進而提升到「精」、「通」，是一個持續不斷的學習過程，即使已經成為某一個領域的專家，也還有更大、更多的領域等著去學習，沒有盡頭。

能力養成的5個等級

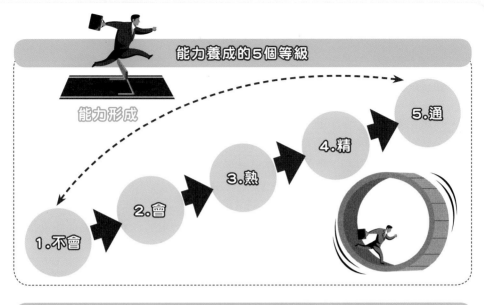

能力形成

1.不會　2.會　3.熟　4.精　5.通

獨立思考與融會貫通

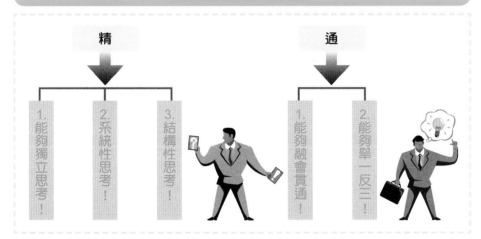

精

1.能夠獨立思考！
2.系統性思考！
3.結構性思考！

通

1.能夠融會貫通！
2.能夠舉一反三！

能力養成的 3 大基礎

能力基礎來源

1. 做中學（learning-by-doing）

2. 經常閱讀（reading）

3. 經常思考（thinking）

1-3 系統習慣的養成

如何養成系統習慣？首先要學會系統思考。杜書伍先生在其所著《打造將才基因》一書中，他提到系統思考就是面對一項事物時，能先掌握整體，再進入分析。而單點思考則是鎖定單一部位思考，容易掛一漏萬。

至於要如何養成系統習慣？他提到個人可在所有工作月報的準備資料中，用 top-down 的結構方式、繪製結構圖或流程圖、建立個人的工作控管表三種表達方式來營造系統習慣的環境。

一、系統思考與單點思考

系統思考就是面對一項事物時，能先掌握整體，再進入分析組成部件及其關聯性，再由個別部件往下拆解，分析更小的部件，整個掌握事物的結構與層次，才能透徹了解整個事物的內涵。

相對而言，單點思考者就是直接由某一部位思考，以致於看不到整體，也考慮不到與其他部件的相互影響關係，所以判斷易有盲點，也易掛一漏萬，此即最大的差異。

二、如何營造系統習慣的環境

為了營造系統習慣的環境，我們希望所有工作月報的準備資料中，個人都可強化下列三種表達方式：

（一）top-down 的結構方式：未來整個工作月報的結構，先整體再細部，呈現有結構、層次的表達；遇有統計報表時，特別注意將「合計」的項目放在統計報表的最上方（過去習慣性會放最下面）。

（二）養成繪製結構圖或流程圖的習慣：因為圖本身即代表一個整體，裡面的每一個方塊即是其部件，部件與部件間的連接線即是彼此間的關聯，此法將有助於了解各部件之間的因果關係與先後順序。尤其人們是傾向於圖像式的記憶與思考，圖像的表達十分有助於講者的系統思考，以及聽者有系統的理解與記憶。

（三）建立個人的工作控管表 (control sheet)：將所負責之工作，有結構地表達於一張工作表上，用於定期追蹤控管；此舉將有助於建立工作關照的完整度，並提高工作的精緻程度。

三、「系統能力」是所有能力的根源

經由月報體系推動「系統表達」的習慣，在耳濡目染、潛移默化中，公司內部形成一個具有系統習慣的環境；自然而然地，對養成每位同仁系統思考、系統分析、結構分析等等的系統能力，將更有助益。

系統習慣的養成

系統思考
是什麼？

➡

1. 面對一項事物時：
先掌握整體

➡

2. 再進入分析：
組成項目及其關聯性

系統化的意涵

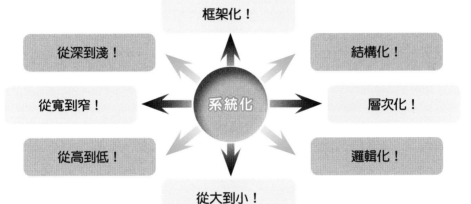

框架化！

從深到淺！

結構化！

從寬到窄！

系統化

層次化！

從高到低！

邏輯化！

從大到小！

系統化能力

懂得：系統化思考！

懂得：系統化分析！

懂得：系統化解決對策！

懂得：系統化SOP (標準作業流程)！

1-4 主管格局的自我培養

長遠的角度來看，一個人在職業生涯當中若要不斷地往更高的境界提升、突破，具備足以擔當大任的條件，杜書伍先生在其所著《打造將才基因》一書中提到，就必須要培養自己成為一位「大將之才」，亦即格局要大。

一、如何成為大將之才？

要有大格局、要成為大將之才，並非一蹴可幾，必須從基層開始就要有正確的觀念、思維，長久下來，才能具備充分的條件而足以成其大。

大將之才具有幾項基本條件，茲說明如下：

（一）**客觀無私**：首先，要能客觀地看待所有事物，唯有客觀，才能夠做到無私。一個人在判斷、決定一件事情的時候，若把私人利益摻雜在其中的話，判斷的方向勢必會朝向其私人的利益偏斜，而無法做出正確的判斷與決定來。所以，客觀、無私是非常重要的基本條件；主觀、存有私心就會有所局限，格局便無法擴大。

（二）**思考、判斷的平衡感**：其次，則是思考、判斷事物時的平衡感。主管在做決策的時候，必須要能綜觀全局，全盤考量各個牽涉到的層面，而非單點思考。平衡的思維代表不偏食、不偏廢任何一個面向，而能夠平衡地看待各種事物。看的面要廣之外，還要看得遠，如此一來，決策的品質才能提升。

（三）**要看得廣、看得遠**：再就公司的經營來看，經營者必須均衡且長遠地考量員工、公司與股東等三方面，不能偏厚任何一方。

客觀、無私地判斷，均衡、長遠的思維都是培養自己具備大格局，成為「大將之才」的基本條件，而這些觀念必須從身為基層成員的時候，便開始練習、自我培養。當這些觀念逐漸內化而成為習慣之後，對事物將會看愈看愈清楚，逐漸強化認知力與洞察力，格局也隨之逐步放大，漸具大將之風。

二、讓思考無所不在

除了具備正確的觀念與態度之外，還必須提升思考事情的深度與廣度，因此，用於思考的時間必須不斷加長。思考是最不受時間、空間限制的行為，思考時間加長並非要特地規劃一個時段來進行思考，真正的重點在於養成思考的習慣，能夠隨時隨地思考，走路、搭車、排隊……等，以及所有的零碎時間都可以思考。體認到思考的重要性，並且養成思考的習慣，思考的時間自然可以不斷加長。

另一方面，則是要培養閱讀的習慣與正確的閱讀方法，以使知識的吸收能不斷持續，除了從工作的執行本身累積經驗與知識之外，透過閱讀而增加知識來源的管道，加上正確的閱讀方法，將使得知識的吸收更有效率。

掌握上述要點，復以持之以恆地不斷自我淬煉，則成為大將之才指日可待。

大將之才的3項基本條件

1　客觀無私

唯有客觀看待所有事物，才能做到無私。

2　思考、判斷的平衡感

在做重要決策時，必須能夠綜觀全局，而非單點考量。

3　要看得廣、看得遠

如此一來，決策品質，才能提升。

格局要放大

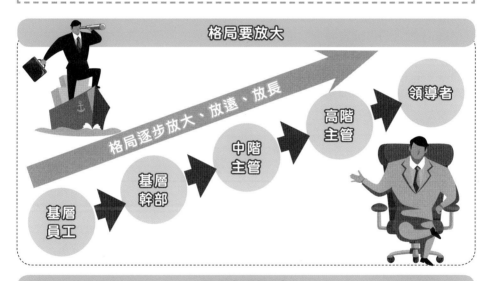

格局逐步放大、放遠、放長

基層員工 → 基層幹部 → 中階主管 → 高階主管 → 領導者

思考無所不在

思考中！

1. 老闆開會

2. 小組討論

3. 安靜工作中

4. 閱讀書報雜誌

5. 閱讀網路資訊

6. 閱讀公司數據資料

7. 開車、走路、運動、搭車中

提升溝通能力的兩個要訣

溝通是人與人之間、人與群體之間思想與感情的傳遞和反饋的過程，以求思想達成一致和感情的通暢。

但現實生活中，我們卻時常上演所謂「溝通不良」的戲碼，而讓我們損失感情、親子關係、合作夥伴關係，甚至很多賺錢的機會。因此，提升溝通能力實在有其必要。

一、不善溝通的根源

在杜書伍先生所著《打造將才基因》一書中指出，事實上，深入拆解溝通這個能力要項，可以發現，不善溝通的根源有二：

（一）**對事的傳達方面**：對欲傳達的「事」，缺乏系統性、結構性的了解與掌握。因而，當欲傳達給別人時，說起來零零落落，邏輯不清，甚至自相矛盾。對方接收時非常吃力，自然溝通就不良。

（二）**對人的傳達方面**：把話說清楚只是溝通的基礎，要讓人「聽進去」，進而「認同」、「接受」，「人」的因素更為關鍵。

二、提升溝通能力的要訣

因此，提升溝通能力的第一個要訣，在於對於欲表達的「事」，自我檢視是否的確有系統性、結構性的了解與掌握；若否，則預先思索、結構之。深一層思考，若在工作甚至生活中，即已養成良好的「系統習慣」與「結構習慣」，那麼即便口才並不突出，卻也能因論述有條有理邏輯分明，而讓對方輕鬆理解。

掌握好「事」的要訣後，則應思考「人」的因素。如何從對方的背景、環境、思維模式與所處立場，模擬對方對這件事可能的態度與反應，以及自己該如何述說對方才聽得入耳，進而逐步、順勢導引到能認同你的想法。

事實上，多數事物的推動與執行，必然都牽涉到與不同人的溝通與協調，若能建立「多了解別人、站在對方角度想」的習慣，事事想到「人」的因素，無形中建立「了解人的習慣」，行事不也就能自然而然施展出此一要訣。

三、提升溝通力的根源在於能力

由此可知，提升溝通力的根源並非在於口才或演說技巧，而在於能力根源的「系統習慣」與「結構習慣」（事的了解），以及「對人深入了解的習慣」（人的了解）。

因此，我們應更加注重在平日不斷地練習，養成「系統習慣」、「結構習慣」，以及「對人的了解」，就能夠改善溝通的能力。

不善溝通2大根源

溝通不良 ➤

1. 對事的傳達：
缺乏系統性、結構性的了解與掌握。

2. 對人的傳達：
缺乏人的接受與認同。

了解人的溝通

人

1. 多了解對方！

2. 站在對方角度與立場思考！

3. 多了解人的習慣！

4. 多謙虛與尊敬！

改善溝通能力

1. 培養系統習慣

3. 加強對人的了解

2. 培養結構習慣

提升溝通力

1-6 如何成為將才

　　杜書伍先生在其所著《打造將才基因》一書中指出，「大將」的養成，通常需要從基層開始，長時間的淬煉，才能培養扎實的能力與豐富的經驗；待其成大器之後，始能獨當一面、擔負更重大的責任。

一、「兵」如何被拔擢為「士」

　　一個基層員工 (兵) 若是擁有好的能力、努力完成主管交付的任務，甚至時有創意，就容易被拔擢為基層主管 (士)；而基層主管的職責，就是要能有效帶領一群部屬完成任務。若能如此，便容易為主管青睞，升任為中階主管。

　　中階主管是公司承上啟下的核心骨幹，擔負部門營運的主要成敗；所以，除了執行能力、專業知識與部門管理都要具備一定水準之外，還必須具有「獨立積極、主動思考」的特質，才能有效思考調整部門定位，進而不斷提升該部門的價值，增加對公司的貢獻度。

二、「士」如何被提升為「將」

　　一名極優秀的「士」，何以未必能提升為「將」？究其根源，關鍵在於「思考習慣」與「任事心態」。

　　思考習慣，指的是習慣思考範疇的大小。一名基層人員的思考範疇，大體就是所屬部門及自己職務範疇；升上基層主管後，頂多擴及所屬部門及所帶領的小單位。但這樣的思考範疇都是有所局限的，必然無法提高對事情的判斷力，更不可能產生突破性的思維。真正能提高判斷力與突破思維，須有更廣闊的思維習慣，能夠跨越自己所屬部門，而這便是「將」的思考範疇；甚至更高層次的大將，其習慣思考的範疇能及於整個公司與產業。因此，思考範疇的大小，就是分辨能否成「將」的重要關鍵。

　　至於任事心態，關鍵在於「被動」或「主動」。優秀的基層員工或基層主管，往往存有強烈意識想把主管交付的任務做好，因此，他會傾注百分之百的心力，全力達成任務。久而久之，他會形成「主管交付、努力達成」的標準動作，不自覺落入「習慣性等待主管交付」的慣性，進而形成一種「被動的積極」。因為是「被動的積極」，便喪失「主動的積極」思考如何提升職務價值、自我豐富化工作內涵的能力，也就是缺乏大將「獨立積極主動思考」的特質。

　　所以一名將，是必須習慣擴大思考範疇，而且能獨立積極主動提升職務價值，才能產生突破性的思維改善部門營運，進而提升部門的功能定位，甚至能轉變成為公司的核心競爭力。因此，思考習慣與任事心態就是成為大將的先決條件，可稱之為「將心」；而「將心」便是我們觀察人才是否為將才或潛力人才的重要指標。

如何成為將才

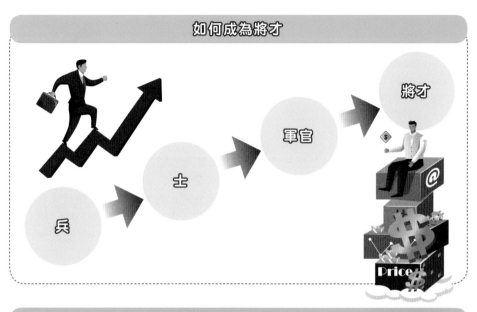

兵 → 士 → 軍官 → 將才

成為將才的2大關鍵

1.思考習慣：

·從高度、廣度、深度去思考！
·要有大思考，而非小思考！

將才！

2.任事心態：

·主動，積極。
·不要被動、消極。

努力邁向公司的「將才」

1. 工作態度主動積極（任事心態）

2. 思考習慣（站在老闆高度思考）

3. 大格局

4. 胸襟大

成為
"將才"

Date _____/_____/_____

第 2 章
韓國三星成長三百倍的祕密

　　李健熙在 1987 年就任三星董事長之後，三星集團營收、獲利與總市值大幅提升 295 倍。他是怎麼做到的？以下分六單元介紹他的十五個領導與管理致勝法則。

一、不斷吸取活的資訊，並派上用場

　　積極蒐集活的資料，並加以資訊化及應用化，是李健熙的第一個經營法則。他認為，人一定要不斷吸取活的資訊，日後自然會明白；歷史的差異即是紀錄的多寡；領域、經驗、歷史這些是用錢也換不到的東西。

　　在這個資訊化時代，能不能比別人早一步運用需要的資訊，將會決定成敗。從微小的資料開始慢慢累積所知，然後從中獲取智慧。一個經驗者必須比別人知道的更詳盡，還要能夠即時呈現。活的資訊、過去事例、歷史等，這些是花錢也買不到的珍貴物品。

　　在知識資訊化的社會裡，我們靠的是頭腦與雙手。這時候，資訊情報就是我們威力強大的武器與精良的部隊。資訊的累積可不是一夜之間的事，需要長時間持之以恆的努力。要不斷涉獵即時資料，累積經驗與了解歷史。只要我們每天持續吸取資訊並且儲備知識，總有一天，知識會成為強有力的競爭力幫助我們。尤其在數位時代的今天，更不能停止積極的吸取資訊與革新。

二、不畏失敗，朝目標前進

　　如果是我們必須堅持的事業，那麼不論遭遇多大的障礙都要繼續推進；但是，對於不該從事的事業，沒有必要的事業，我們要有放棄的果斷與勇氣。在三星集團，李健熙董事長鼓勵創造性的失敗，並且予以包容。在過程中失敗的事例數不勝數，但最終都成了向目標前進的墊腳石。

三、把握時機，大膽進攻，做就對了

　　李健熙認為，三星沒有時間猶豫，要盡快讓所負責的產品上軌道，要跑在別人前面，必須把對的產品推到國際市場上，塑造業界的 NO.1。猶豫不定是無能與無效的另一面，基本上這種思維本身就是一種失敗。如果覺得應該要這麼做，那麼絕對不要舉棋不定，應該要把握時機，果敢的進攻、嘗試，並且勇於挑戰。關於實踐夢想、目標及信念這件事，成功的唯一方法，就是行動。凡事先行動再說，做就對了。任何事情只要你認為辦得到就開始吧。而大膽的行動中藏著天分、力量及魔法。有天馬行空的想法卻坐著不動，就跟畏縮膽小沒有兩樣。說得天花亂墜或是不切實際的空想，都沒有比掌握時機，大膽行動來得重要。這樣的決斷與行動力，就是追求成功的必要法則。

不斷吸取活的資訊，並派上用場

- 1. 活的資訊
- 2. 過去事例
- 3. 歷史、經驗

用錢也換不到

從中獲取智慧

經驗50年的公司與開業僅5年公司之間，決定性的差別，就在於累積資訊的多寡。

加以
有效應用

提升競爭力

不畏失敗，朝目標前進

只要是
必須堅持的事業

1. 不畏失敗

2. 不管多大障礙

都要
持續推進

把握時機，大膽進攻，做就對了

1. 猶豫不定　　必會失敗

2. 凡事先行動再說　　做就對了！

3. 成功法則

決斷力

行動力

決斷力及行動力在這個瞬息萬變的21世紀，是身為領導者必須具備的能力。

 **李健熙就任三星集團董事長後的亮眼成績**

單位：美元

	1987 年	2006 年	2012 年	成長倍數
1.營收額	150 億	1,345 億	2,256 億	15 倍
2.稅前獲利	2.4 億	125 億	177 億	73 億
3.企業總市值	9 億	1,239 億	2,655 億	295 倍

李健熙的第四、五法則，訴求的是多元的思考，進而洞察出事物的本質是什麼，強調領導不能沒有創造力；同時指出企業最重要的是人才。

四、不只有管理能力，更要有創造力

一個缺乏創造力的人，經常被人呼來喚去，而不是使喚別人。換言之，創造力絕不是可有可無的能力。特別是身為團隊的領導人或是高階主管，缺乏創造力，就等於他的組織沒有未來。

一個領導幹部如果認為只要管理好底下的員工，以為這樣他們就會自發性做出新東西，這種想法已經過時了。缺乏想像力，就無法創造。唯有看得見別人看不到的角度，才有資格成為了不起的領導人。想要拓展更寬廣、更高層次世界的領導人，必須是一個想法與眾不同又能創造的人。不同角度的分析，是更接近事物本質的最好辦法，更是最好的思考方式。思考能力不足的員工，在工作上就快不起來。應該怎麼開始，可以怎麼做，會產生什麼樣的成果等，這些都是必須去思考的事情。

李健熙要求所有的成員，都要能從根本去思考，要多元化的思考。能夠洞悉表面上的變化，進而掌握事物的本質；至於方法，在三星集團就是「多元化思考」及「多方面接觸」。經營事業或不管做什麼事都必須認清一個事實：「成功的祕訣與關係，在於洞察事件的能力。」

五、重要的是人、人，還是人

李健熙永遠是一個求才若渴的領導者。他很早以前就洞悉在企業的生存，不在於做什麼事業，而是仰賴能夠在變化中應變自如的人才。企業的未來，決定在人身上。「人才第一」是三星的根本經營信念。

美國奇異公司前任總裁威爾許曾說過：「我把 70% 的工作重心，放在確保人才上面。」身為管理者，就應該把確保核心人才，當作是最重要的課題。李健熙認為在面對未來難以預測變化的時代中，確保優秀的人才，才是儲備未來最重要的戰略。即使是三顧茅廬，或用更超過的方式，也要確保需要的人才。三星的發展與進步，必須靠各個領域的不同人才，朝共同目標前進才能落實。

三星集團在尋求什麼樣的人才？即 1. 擁有無限的潛能、天才型的人才；2. 在專業領域中，具備國際競爭力的人才；3. 以過人的經歷及觀點，能從與眾不同的角度去思考並且判斷的人才，以及 4.T 型人才。李健熙比較喜歡 T 型人才，而不喜歡 I 型人才。因為未來三星集團將走向結合不同技術或創造嶄新產業的整合型公司，而具備整合式思考能力的 T 型人才正符合集團所需。

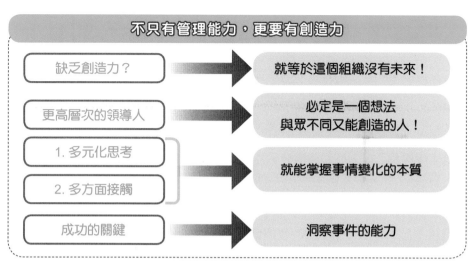

不只有管理能力，更要有創造力

缺乏創造力？	➡ 就等於這個組織沒有未來！
更高層次的領導人	➡ 必定是一個想法與眾不同又能創造的人！
1. 多元化思考 2. 多方面接觸	➡ 就能掌握事情變化的本質
成功的關鍵	➡ 洞察事件的能力

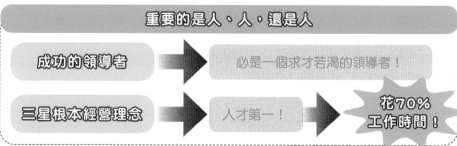

重要的是人、人，還是人

成功的領導者	➡ 必是一個求才若渴的領導者！
三星根本經營理念	➡ 人才第一！ ➡ 花70%工作時間！

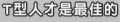

T型人才是最佳的

T型人才（廣泛領域）
A ＋ B ＋ C ＋ D

（單一領域）I型人才

A　B　C　D　E

I型人才：指只精通某一個領域而對其他領域完全不懂的人。
T型人才：指不但精通自己的專門領域，也廣泛了解其他的領域，是具備整合式思考能力的人才。

151

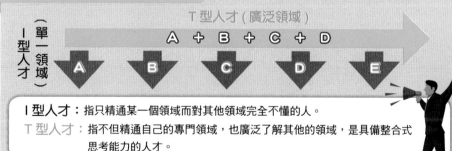

| 李健熙為何偏愛T型人才？ | 1. T型人才擁有全方位的思考模式，具備了能夠洞悉一切的洞察力，所以，不論賦予什麼樣的任務，總是展現比I型人才優越的工作能力。
2. 未來三星集團將走向結合不同技術或創造嶄新產業的整合型公司；因此更需要T型人才及整合型的技術人才。 |

三星集團董事長李健熙的領導與管理致勝法則 Ⅲ

　　李健熙是一個不斷規劃未來、編織夢想、思考十年後發展的「靈感型領導人」。李健熙認為,在安逸時,企業一定要抱持危機意識,並在危機當前,適時反擊。

六、人要居安思危,保持危機意識

　　李健熙及三星人都能夠隨時保持警覺性,知道自己該怎麼做,並且迅速應變。當 2002 年第一次超越日本 SONY 公司後,並沒有開香檳慶祝,也沒有就鬆開上緊的發條,李健熙反而更強調日後的危機,完全沒有為此事而自滿或安心。

　　李健熙於 1993 年發布「新經營宣言」,展開「攻擊式宣言」,到 2002 年超越日本 SONY 後,大獲全勝。危機當前,攻擊是最好的防守。在攻擊式經營中,他最重視品質,他 100% 把重點放在品質上,要改變成為「高品質的三星」形象。

　　在 1993 年「新經營宣言」之後,李健熙便不斷強調可能降臨的危機,因為它比任何人都要提早看出三星的危機,洞悉可能窘境。1980 年代,三星人的散漫及怠惰是促成他的危機意識。防範危機的第一個方法,即是要有危機意識,並預先做好準備;如果沒有這樣的危機意識,三星就不可能成長。

七、21 世紀的事業,是與時間的競爭

　　過去是大企業併吞小企業;但是時代已經改變,現在是動作快的併吞動作慢的,聰明的併吞笨的。

　　13 世紀中期,蒙古成吉思汗能夠成功征服比羅馬帝國面積大四倍的國家,其祕訣就在速度;成吉思汗率領世界最快的騎兵部隊,如秋風掃落葉般進軍到歐洲。

　　李健熙並不是一個會安靜坐著等待的領導者,他會看時機,主動出擊,是一個時機的贏家。他認為,企業一旦錯失時機及錯失改變,就很難再重新起飛了。

八、人要站在高處,要看得最遠

　　平凡與偉大領導者之間的差異,即是平凡領導者只看到眼前,但偉大領導者卻是前瞻十年以後的事業。李建熙表示,身為高階經營者必須把一年的一半時間,用在掌握市場的分析,另外一半時間,要拿來構想未來十年的戰略。

　　對一個領導者而言,最重要的是找出三到四年內能夠收穫果實的樹苗事業,以及五到十年能夠成為主力產業的種子,樹立發展策略。李健熙凡事都有長遠的計畫思考習慣,他永遠都在為十年後的變化做洞察及準備,他習慣以長遠的眼光思考未來方向。他為展望未來所做的準備管理,他稱之為「情境管理」(Scenario Management)。預測未來變化和競爭對手的策略,進而事先準備對策的情境管理,可以說是在無止盡的競爭激烈中,能夠先占競爭優勢的基本要件。

人要居安思危，保持危機意識

事業
成功之時 ➡ ·勿驕傲！ ·勿自大！
·勿自滿！ ·勿怠惰！ ➡ 隨時保持
危機意識！

要100%
放在品質經營上 ➡ 打造：
高品質的三星

21世紀的事業，是與時間的競爭

「速度」
很重要！ ➡ ·抓準時機！
·主動出擊！
·勿錯失時機！ ➡ 做一個「時機」
的贏家！

人要站在高處，要看得最遠

李健熙是一個不斷規劃未來、編織夢想、思考十年後發展的「靈感型領導人」。

| 差別 | 平凡領導人 | ➡ 只看到眼前！ |
| | 偉大領導人 | ➡ 會看到 10 年後的事業！ |

| 領導者的時間 | 一半時間 | ➡ 用在現在的營運！ |
| | 另一半時間 | ➡ 構想未來的戰略！ |

以長遠的眼光 ➡ 洞察 10 年後
的變化及方
向是什麼！

三星的未來	➡ 看新事業！
	➡ 看新產品！
	➡ 看新技術！

「明天」隨時會到來，而且，明天永遠都跟今天不一樣。所以，即便今天仍然是一流企業，如果不為創造明天而努力，總有一天必定會陷入困境。

李健熙在2010年對員工說：「未來十年內，代表三星的事業及產品，大部分都會消失，我們必須從頭來過。」他是一個永遠先看十年後的情勢，考量十年後的發展，提前為十年後做準備的領導者。2012年他又對員工說：「三星的未來，就要看新事業、新產品、新技術了。」他大聲疾呼要找回新的成長動力。

153

李健熙與眾不同的洞察力與卓越，可説是來自他熱愛閱讀。他是一個用全部生命，追求自我提升的領導人。他認為設定一個讓人熱血的大膽目標，並帶領員工展望未來，才是出色的領導人。

九、走在科技尖端，仍不放棄書本

李健熙除了保持每年閱讀吸取新知的習慣外，當他覺得無法從書本中，補足自己所欠缺的部分時，還會邀請相關領域裡最具權威的專家來上課，曾經邀請過的學者、專家人數多達數百人。即使今天三星已超越日本 SONY，成為世界第一後，他仍然保持這種作法，以強化自身的不足。李健熙生活無虞，財富很多，但他卻比任何人都還用功，為了超越自己，他不斷嚴苛自我要求，精進再精進。

他説：「透過閱讀，可以儲備比現在更好的未來。不從事閱讀的人，不會有光明的未來；因為，除了閱讀，並沒有其他能夠發展自我，讓自己成長的更好方法。」

十、領導是論成敗的決定性關鍵

不論是那一種組織都有自己的目標及願景，但為什麼組織之間的成果，都出現截然不同的差異。即使同一批員工，具備同樣的技術水準，也會隨著不同的領導人而產生極大的成果差異。

美國蘋果公司在 1985～1998 年仍然虧錢，但當賈伯斯重新歸隊後，2005～2010 年，蘋果都是全球最有創造力及總市值最高的第一大企業。這説明了領導人是何等重要，領導人的角色可以完全決定該企業的興亡盛衰。

李健熙認為 21 世紀的領導人，應該是勇於改革、不斷挑戰新事物的求變型與改革型領導人，才能創造搶先占領未來的戰略。李健熙表示，一個優秀的領導人，他必須是一個能夠以洞察力和直覺看見未來，並創造戰略，帶領團隊把握未來先機的領導者。同時，也要是一個勇於改革、不斷挑戰新事物的求變型領導人。此外，經營者要主動扮演高附加價值資訊的蒐集者、發送者的角色。當然，國際觀也是不可或缺的必要條件。即使一個無能的老闆可能會毀了企業，經營者的存在有多麼重要是無庸置疑的。

十一、大膽設定超越時代的願景目標

李健熙在 1993 年提出「新經營宣言」時，就設定一個大膽的目標，三星不只要做韓國第一，更要超越日本，成為「世界第一」。後來，這個宏偉的願景目標，在 2002 年時達成了。大膽的願景目標，可以帶領我們超越自己，並為達成目標，不惜成本付出一切代價。

走在科技尖端，仍不放棄書本

1. 自我閱讀

2. 找相關領域專家來上課

熱愛閱讀！

不斷自我要求，精進再精進！

 增長：洞察力！

領導，是成敗的決定性關鍵

領導人 ➡ 會決定該企業的興亡盛衰！ ➡ 要勇於改革！

要不斷挑戰新事物！

改變 ＋ 革新 ＋ 創造 ＝ 領導者必備內涵

大膽設定超越時代的願景目標

三星「新經營宣言」（1993年）

➡ 李健熙曾經嚴厲指責部分幹部甘做世界二流意識與安於現狀的心態。

願景目標：成為「世界第一」！（2002年做到了）

　　三星的改變與其核心，其實就是創造性的革新。未來最受重視的領導能力，就是「創造力」。而只要培養 1% 全方位天才，就能養活 99% 平凡人，讓三星晉升為屬於 1% 的企業。

十二、全面性創造經營

　　只有落實創造性經營，持續開發未來性產品，這樣的公司才能成為一流企業。21 世紀不再是單純製造產品的時代，更要透過創意、構想與資訊，來創造革新性的價值。「全面性的創造經營」，正是三星的發展座標。

　　李健熙強調，如果不能發掘、培養創造性的經營機制與有創造力的人才，三星是不可能贏得先機的。三星需要有創意的構思。三星的主要產品在國內外市場領先其他產品，以其他企業的經營為標竿或是模仿，對三星來說已經不夠了。往後需要是能夠體現三星固有獨特性與差異性的創造經營。不能因為目前順利就自滿，必須要保持危機意識、掌握變動。固守過去的作法或是抄襲別人，絕對不可能呈現獨創性，所以三星需要創造力，從原點出發，找到新的契機。

十三、1% 的天才，養活 99% 的平凡人

　　李健熙曾說：「要是能有一個像比爾·蓋茲及蘋果賈伯斯那樣的傑出人才，三星的每人平均國民所得就可以增加到三、四萬美元了。為未知的將來應該要做的儲備管理，並不是投資設備，我們需要的是一個不論世界怎樣改變、市場如何競爭，都有足夠能力掌握未來的天才型人才。」

　　李健熙也強調，並不是具備專業素養的專家就是 1% 的人才。對他而言，所謂 1% 的人才，必須是一個全方位的技術者，有足夠的潛力成為一名管理者，懂得不斷鞭策自己超越自身極限。工程師出身，在三星的栽培下成為專業管理人的代表性例子——副會長尹鍾龍，就是名副其實的 1% 人才。

　　李健熙曾說：「把值得支付年薪比社長多兩、三倍的核心人才請進去。」意指核心人才比社長還要重要。固守過去按照位階給付年薪的組織不會有活絡的生命力。正是這樣的氛圍和組織文化造就一流的三星。年薪比社長高出兩、三倍的明星員工輩出，更為其他的員工賦予強烈的動機。於是每一個員工不但工作起來比誰都要賣力，甚至出現員工在所負責的業務上達成驚人業績的效應。

　　21 世紀不再是靠人陣容競爭的時代，將是靠頭腦競爭；亦即將是一個頭腦聰明的人就足以應付幾十、幾千、幾萬人的時代。無人能預測未來如何，但若有很多處變不驚、有能力領導未來的天才，情況就不一樣了。換言之，企業未來的興衰，就要看有多少天才員工在為公司效力。1% 人才，讓三星晉升為屬於 1%
的企業。

全面性創造經營

落實創造性
經營

→

持續開發
未來性產品

→

才能成為
一流企業

三星集團座標

→

全面性
創造經營！

1%的天才，養活99%的平凡人

不要靠人數量的競爭

而要靠人頭腦的競爭

企業要找天才型員工

「1% 人才，讓三星晉升為屬於 1% 的企業。」

天才型的人才

→

不要怕給高薪！

1%的天才

現在
1% 的天才：
全方位整合的
通才

過去
1% 的
天才：專才

李健熙眼中 1% 人才──副會長尹鍾龍

工程師能夠晉升為一名管理者，不只是因為具備作為技術者的資質和能力。必須要不斷經過無數的考驗，來驗證本身是不是具備了能夠判斷公司前途與未來的資質。副會長尹鍾龍就是最好的例子。尹鍾龍是專攻電子工程出身的工程師，技術方面具備了十分淵博的專業知識和眼光，加上他經常往來日本工作，對於整個電子產業的敏銳度很高，他對公司的發展方向也很有遠見和決斷力。

傾聽，能吸收到很多知識與想法！而企業要存活，只有不斷改變，而改變的第一步先從自己做起。

十四、傾聽與謙遜是自重之道

李健熙進入三星上班的第一天，老董事長李秉喆不動聲色地把兒子叫到跟前，然後把「傾聽」二字的墨寶送給兒子當作就職禮物。從收到這份禮物開始，李健熙就反覆地領略傾聽的重要性，時刻惦記在心裡，並且實實在在地落實於待人接物。

他將三星集團的日常業務全權交由各個部門的專業經理人負責。不難猜想，他應該也是想藉由這樣的管理結構，傾聽專業經理人的想法、給予他們應有的尊重，保持他認為該有的謙遜態度。對於員工負責的工作，李健熙從不表示太多的意見，如此反而更激發了三星員工的工作能力，讓他們完全不受拘束地發揮，日後也因此而收穫一流的三星這個豐碩的果實。

日本早期的松下經營之神——松下幸之助曾表示，找人談話並傾聽，能吸收到很多知識與想法！但他很難理解那些學富五車的人竟然不會傾聽別人說話。

十五、只有不斷改變，才能存活

李建熙曾表示，「結論只有一個。我自己如果不改變，那麼一切都不會改變。改變是邁向一流地位的根本。先從我自己改變起，然後祕書處、各部門的社長、副社長、專員、部長、課長等這些團隊才會跟著改變。」

改變是高難度的挑戰，必須和過去的自己訣別、邁向嶄新的我，才可能跨足改變。一旦克服了困難，成功地改變，必定能得到超乎想像的收穫。達爾文的《進化論》已證實「只有不斷改變，才能存活」這個論點。

十六、結語：日本企管大師大前研一對李健熙的評價

李健熙是天才型的管理者。自1993年宣布新經營宣言以來，不過十年的光景就把三星帶向第一。這是個可怕的速度，這種企業在國際間是很罕見的。李健熙是在他四十六歲的時候從父親李秉喆手中接下三星集團。在那之後，三星集團神速的進步令人咋舌。李健熙最大的功勞就是把韓國的三流製造者三星，育成如今世界一流的企業。僅十年的時間裡，他們成了世界第一。

這名管理人，除了說他是天才之外，無須多說。他的管理策略方面，主要分為第二創業、新經營、品質優先管理、儲備管理、尖端管理、新管理第二期等，是屬於三年到五年左右的中長期管理策略。

傾聽與謙遜是自重之道

| 領導人要學會：傾聽 | 落實在待人接物上！ |

| 領導人要：授權！ | 尊重專業經理人，不必大小事都要管！ |

| 松下幸之助：找人談話並傾聽 | 吸收到很多知識與想法！ |

日本早期的松下經營之神——松下幸之助曾說過：「我連小學都沒有畢業，沒有什麼學識。所以只要有人跟我說話，我就會全神貫注地傾聽對方在說什麼。我從別人的談話中吸收到很多的知識和想法，也把所獲得的運用在公司的經營上面。對我來說，這一切都太幸運了。很多人都念到大學畢業，他們學富五車以自己豐富的知識為傲，但是我不解的是他們竟然不會傾聽別人說話。」

只有不斷改變，才能生存

| 領導人：先從改變自己開始！ | 底下人就會跟著改變！ |

| 最後能生存下來的人 | 面對環境變化，能善於應變！ |

達爾文在《進化論》中是這麼說的：「最終得以存活的物種不見得是強者，也不見得是低智能的物種，最後還能夠生存下來的是，面對環境的變化善於應變的物種。」

三星李健熙是天才型董事長

僅僅花費10年時間 ➡ 超越日本SONY及Panasonic ➡ 成為世界第一電子集團

159

Date _____/_____/_____

第3章
統一超商創新
經營學

7-ELEVEN 的核心競爭力即是「便利」、便利、再便利。超商內部的經典名言即是：「消費者的不便利，就是商機的所在」，以及另一句「融入顧客的情境」。

一、統一超商的創新行銷

消費者為什麼要選擇你？這時候一定要增加創新，也就是差異化競爭。你必須要有別人沒有的商品與服務，以及比別人更好的服務與態度。

創新與差異化競爭，成了找好地點之外，另一個必須努力強化的競爭力了。除了開店數量持續擴充以鞏固市占率之外，「店質」提升更為重要。

透過更好的差異化服務，時時有新商品、新服務推出，正是創造來客的最佳方式，也是 7-ELEVEN 持續成長關鍵。

二、一波又一波的創新

7-ELEVEN 創新都是靠一點一滴累積起來，有小創新、有大創新，一波接一波，品牌的價值，就是「創新」×「規模」。創新、創新、再創新，可說是統一超商最重要的經營理念了。

創新產品或服務之後，就要透過電視廣告與行銷手法，加以宣傳溝通。不斷推出新商品與新服務之外，仍要尋找出能感動消費者的因子。一定要做到創新與新鮮 (New&Fresh) 滿足並超越消費者的期待。例如：國民便當、奮起湖便當、御便當。再如：鮮食產品做到每天二次配送，保證吃到新鮮食品。

時時創造新鮮感，讓消費者不會厭倦，因此，在產品服務及廣告宣傳上，都要加入感動消費者的元素在裡面。

三、創新波浪理論

7-ELEVEN 創新的另一個重要原則，即是「波浪理論」。不管是新商品、新服務及新廣告行銷，都必須像海浪般，一大浪，接幾小浪，再一大浪，源源不絕。讓 7-ELEVEN 都有新東西與消費者溝通，並感到好奇與驚訝，例如代收服務。目前統一超商自創品牌有二個，一是 7-Select，二是 7-Eleven；品項超過 300 多項，營收占比達 20%。

創新另一個方向即是朝向「季節感」與「節慶感」。例如：草莓季、芒果季、螃蟹季、年菜預購、中秋節月餅、端午節粽子、母親節蛋糕預訂、聖誕節、情人節、父親節、春節等。

最後一個創新原則，即是朝「精品化」。把每一個產品從內外在，都要提升。內在包括食材、風味、口味等；外在包括包裝容器、配件、標籤、外觀設計等。

統一超商創新行銷

1. 好地點

統一超商門市店大概6、7年，即會在店內裝潢、用具、顏色、動線、電燈、地板等加以改變或升級革新。門市店形象汰舊換新的目地有三：①塑造新穎時髦感、時尚感；②避免熟客厭倦了；③增加店的營運效益提升。

2. 創新

統一超商每一家店約賣2,000多種產品；而每一年即會推出1,000個新產品，亦即約有一半商品會被替代掉。

3. 差異化

競爭力提升！

1. 新商品！

統一超商每二週舉行一次新產品「試吃會」，食品研發人員不斷開發新口味，尋找新食材，訂購人員則不斷試吃，提案改進，最後被認可的產品，才會出現在門市的貨架上。

創新感動

2. 新服務！

一波又一波的創新

產品創新 目前統一超商很多飲料、鮮食、日用品、零食等均是自有品牌的產品。自有品牌的毛利率較高，獲利好

思樂冰、茶葉蛋	御飯團、關東煮	鮮食、御便當、7-Select自有品牌、City Cafe、冷凍食品

1980年代　　1990年代　　2000年代

服務創新

影印、代客傳真	代收服務	預購、ATM提款機、ibon機、icash卡、7-net網購、餐桌椅設置、7-mobile

創新波浪理論

不斷有新東西讓消費者驚艷，例如代收服務，花了四年研發，才成功。目前每年代收金額達1,000多億元，抽個2%服務費，就淨賺20億了。目前代收客戶端已有300多家委託了。

品牌價值＝創新×規模

7-ELEVEN 品牌價值＝ 創新 × 規模

一波接一波創新　　全臺 4,800 家店

電視廣告與行銷宣傳

便利是核心價值

New 嶄新

&

Fresh 新鮮

→ 超越消費者的期待 → 便利！是核心價值

統一超商善於行銷宣傳及向外國標竿學習

「與其關門造車，不如向外取經」是統一超商的名言。統一超商創新方法，很多是向外國標竿學習再加以轉化為本土化。

一、統一超商的行銷宣傳

統一超商善於做下列多元化的行銷宣傳：代言人行銷方面，有 City Cafe 桂綸鎂、S.H.E、日本 AKB48、蔡依琳、隋棠、高以翔……等；電視廣告方面，每年支出至少 2 億元以上。集點送公仔活動方面，有 Hello-Kitty……等；促銷活動方面，第二杯半價、買二件八折算、全面九折；其他方面，則有網路廣告、臉書粉絲專頁行銷、藝文行銷、大型活動、體驗行銷活動、贊助行銷、異業合作行銷、公益行銷、手機 APP 行銷、公關報導……等。

二、向外國標竿學習

統一超商創新方法，有很大部分是向外看，做標竿學習。主要是從日本 7-ELEVEN 學習而來。他們模仿日本好作法與成功經驗，然後再加以轉化為本土化。

不管是 POS 資訊系統、發展鮮食、引進代收服務、ATM 機、i-bon 機、黑貓宅急便、發展自有品牌等都是引進日本 7-ELEVEN 的成功作法。

而 7-ELEVEN 所謂標竿學習 (Benchmarking) 的意涵有三，一是向日本、美國先進國家及先進公司觀察、學習並模仿人家好的地方與成功的作法、方向。二是回到臺灣來，加以修正，適合臺灣本地市場的需求，然後推動執行，再予調整修正最好的境界。三是標竿學習能力的培養，其實就是觀察能力的培養。

但統一超商要如何挖掘消費者潛在需求？他們透過以下四種方式，一是 POS 每天即時銷售情報系統，可以分析數百萬筆消費者購買行為。二是經常走訪海外先進國家，如日本、美國；觀察它們的發展趨勢，以推測臺灣的未來。三是內部自己集思廣益，只要用心，即有用力之處。四是多看國內外書報雜誌，吸收新知。

三、加速展店策略

統一超商在 1995 年達到 1,000 店，徐重仁總經理下令到 2000 年時，要展店到 2,000 店，成長 100% 之高，這個高難度任務達成了。後來，又訂 2005 年要達到 3,500 店，結果目標也達成了。直到 2012 年，總店數維持在 4,800 多家，才轉變不重店數，而要提高店質的目標。

統一超商在短短 15 年內，從 1,000 家快速成長到 4,800 家店，主要仰賴四大展店策略：1.在都會區加速密集布點卡位策略；2.對空白區強化填補策略；3.鞏固既有商圈，以及 4.延伸到大城市鄰近外圍的鄉鎮去逐步延伸擴張。

統一超商的行銷宣傳

1.代言人行銷	桂綸鎂、S.H.E、蔡依琳、隋棠、高以翔、日本AKB48……。
2.電視廣告	每年至少2億元以上。
3.集點送公仔	Hello-Kitty、……。
4.促銷活動	第2杯半價、全面8折、……。
5.其他活動	臉書粉絲團、異業合作、公益行銷、手機APP行銷、贊助行銷、藝文行銷、大型活動……。

向外國標竿學習

臺灣
7-ELEVEN
（4,800店）

日本
7-ELEVEN
（13,000店）

標竿學習！

加以本土化！

與其閉門造車，不如向外取經

如何挖掘消費者潛在需求

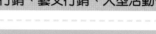

1.POS資訊系統

消費者需求

3. 多看國內外書報雜誌

2. 走訪海外先進國家

4. 只要用心，就有用力之處

加速展店策略

1995年	2000年	2005年	2012年
1,000店	2,000店	2,500店	4,800店

「這是平凡的團隊，成就不平凡的事業」，統一超商最常把龐大的後勤部隊，形容是一群默默的無名英雄，他們日復一日堅守崗位，坐著平凡的工作，才能成就 7-ELEVEN 的不平凡。

一、最堅持的成長後盾

物流人員就是統一流通次集團最好的幕後英雄代表之一。過去二十幾年來，為了因應 7-ELEVEN 的發展，統一超商的物流體系一再變革。而觀察統一超商物流系統的發展，又跟資訊管理系統的發展密切結合，資訊流加上物流，兩者的結合已經是統一超商最堅持的成長後盾。

回想起統一超商二十七年前剛創辦時，訂貨、送貨系統與銷售情報，都在人工模索階段，很難整合、也沒有系統協助，是屬於最原始的狀態。只要在超商服務二十年以上的員工，應該都要經歷那個原始時代。當年也沒有每天的銷售情報，無法掌握哪些東西賣得好、哪些賣不好，應該準備多少庫存。全憑印象訂貨的結果，不是缺貨，就是庫存太多。

1986 年，統一超商開始獲利，店數成長到 100 家，1988 年達到 200 家，之後的幾年內，幾乎每年以成長 140 多家店面為目標。要支撐逐漸壯大的連鎖商店體系，已經無法再用經驗管理，系統化與標準化已是不容忽視的課題。

二、資訊系統化的導入

從那時統一超商開始制定各種營運層面的標準化作業流程。其中一項重要計畫，就是參考日本的發展經驗，研究導入日本實施多年的電子訂貨系統 (Electronic Order System, EOS) 及銷售時點情報系統 (Point of Sales, POS)。1989 年，EOS 終於成功導入，是臺灣第一家導入 EOS 的零售企業。過去人工寫訂貨單的畫面隨之消失，取而代之的是掌上型電腦，大大簡化門市人員的作業流程，提升效率。

1990 年，統一超商開始成立專屬的物流公司。以前所有的供應商各自到店送貨，從那時開始，改送到各區的物流中心，再由物流中心，依據各門市的電子訂貨系統數據統一配送。當年已經可以做到今天訂貨明天到貨的標準，大大降低門市的庫存與缺貨。同時進貨車也不在頻繁地進進出出，減少進貨花費的時間成本。

到了 1990 年代初期，原本因商品條碼普及率太低無法成功導入的 POS 系統，也因大環境慢慢成熟而露出曙光，終於在 1996 年 2 月成功導入。POS 的設計，除了在結帳時刷商品條碼，門市人員同時也輸入購買者的年齡、銷售時間、商品價格等基本資料。經過仔細分析後，就可更精確掌握不同年齡層的喜好，以及什麼產品在什麼時間銷售最佳等資訊，是最好的產品開發與行銷方案的研擬依據。

統一7-ELEVEN資訊情報系統架構

一、後勤總部

區顧問行動辦公室	地區營運部	7-ELEVEN總部
・門市營運管理 ・下載各項情報	・門市帳務審核 ・區域門市管理	・商品資料 ・銷售情報 ・顧客資料

二、4,800家門市店

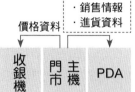

・銷售情報
・進貨資料

價格資料

收銀機	門市	主機	PDA

銷售資料 　訂貨資料

訂貨資料　銷售情報　天氣情報　商品資料

情報處理中心
（硬體設備中心）

・單品分析資料　　・訂單資料
・訂單資料　　　　・銷售情報

商品車子配送

三、產品供應商

四、物流中心

商品配送

平凡團隊，成就不平凡事業

```
1. 資訊
2. 物流
```
→ 平凡團隊 → 成就不平凡事業

↓

幕後英雄

資訊系統化

1989年 導入 EOS系統	1996年 導入第一代 POS系統	2005年 導入第二代 POS系統

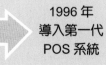 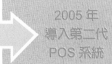

但是這麼節省的企業文化，面對 POS 一代花 10 億、二代花 40 億，卻一點也不會捨不得，怎麼對股東交代呢？

三、提升企業競爭力必要的武器

2004 年 6 月底，統一超商召開年度股東會，臺下的股東發問：「為什麼 POS 二代要花掉 40 億，有必要嗎？」高清愿在臺上回答：「POS 二代是一種投資，不能不做，才能拉大跟競爭者的差距。」他還指出：「第一代 POS 要投資 10 億時，我也問需要這麼多錢嗎？但是後來效果很好。現在要做第二代，我覺得我不需要懂太多，也不必管太多錢，我相信年輕人的專業。我常說不怕花錢，只要錢花得對。」

四、物流送貨不斷進步

除了資訊流體系大手筆投資，物流體系經過二十多年的演變，也逐漸成熟與壯大。從最早的「今天訂，兩三天後到貨」，到「今天訂，明天到貨」，再到「今天早上訂貨，晚上到貨」，甚至「一天配送兩次」的快速運作系統。而且到店準確率提升到 99%，前後只能有五十分鐘的誤差。例如若是定九點鐘到店送貨，則必須在八點半到九點二十分之間到，才算符合規定。

同時，還將不同產品依儲存溫度與品項，而有不同的物流公司。捷盟行銷負責常溫產品；統昶行銷負責冷凍、低溫與 18 度 C 的鮮食產品；大智通則負責文化出版品與文具玩具、電玩類產品。捷盟與統昶的物流中心，早已散布全省各處。

在臺灣這個環境裡，物流產業一直被認為是比較低微的黑手產業。不管是驗收、理貨或運輸，看起來都是很平凡，甚至卑微的工作。但是整個串聯起來後，對集團內企業而言，這是讓他們沒有後顧之憂發展的後盾；對社會而言，提供充分的商品給門市，滿足消費者的需求，這是對社會最大的貢獻。「所以我們常常說，這是平凡的工作，成就不平凡的事業。」

五、何謂 POS 系統？

在 7-Eleven 還沒有引進 POS 之前，主要仍是以 EOS 為主。EOS 是以門市訂貨為出發點，只是門市和總部的連繫和統計，無法將每一件商品的資訊，直接從顧客串聯到供應商，而這就是 POS 的特色。簡單來說，POS 就是「收銀機」上又加上了「光學掃描設備」，當掃描器劃過商品上的條碼時，也將商品資料、購買者資料、時間、地點等全部輸入。這些資料經過電腦分析、比對，再和訂貨系統、會計系統、資料庫、員工管理等全部連線，等於掌握了從顧客到庫存的全部資料，對於加盟主及總部掌握商品的銷售狀況，有極大幫助。

資訊不怕花錢，只要錢花得對！

第一代 POS：
10 億

第二代 POS：
40 億

資訊是一種
必要的投資！

物流送貨不斷進步

1.
今天訂，
2 天後送到！

2.
今天訂，
明天到貨！

3.
今早訂，
晚上到貨！

4.
一天
送 2 次！

3大物流公司

常溫產品 　　　 1. 捷盟物流

來到捷盟的桃園物流中心，偌大的貨倉裡，各式各樣的大型化包裝商品如飲料、泡麵等，一一整齊排列，高高推疊。理貨人員駕著機器，一一按照訂貨單的需求，將一箱箱貨物取下。輸送帶不停地跑著，理貨員則低頭將一包餅乾、兩包口香糖、三罐白花油等小包裝與小分量的商品，一一取下，放進面前的箱子裡，每一個箱子都編號，每個編號代表一家門市。貨物都整理好後，就擺到物流車前面，等物流士一一清點後才出車。

低溫冷凍食品 　　　 2. 統昶物流

文化出版品 　　　 3. 大智通物流

POS系統

POS：
Point of Sales：
銷售據點資訊情報系統

收銀機
＋
光學掃描

了解：當天的即時
銷售狀況及購買者
初步資料！

169

使用POS
的好處

1. 對門市來說，有助於掌握商圈消費特性，以降低庫存。
2. 對總部來說，可以判斷顧客需求，改善商品結構，而且利用POS的資料傳輸，節省了許多紙張印刷，一年可以省下500萬元。
3. 對供應商來說，可以掌握最佳時效、進行採購控管。

這種「資訊分享」的方式正完全改變臺灣的商業型態。

統一超商門市作業標準化與企業文化

連鎖業的「速成」要靠系統，而要讓企業成長，則是真誠與決心的企業文化。

一、門市作業標準化與區顧問

徐重仁當時成立的 COS (Chain Operation System) 企劃中心，就是負責將門市作業管理的流程標準化及書面化，包括店長管理手冊、區顧問手冊、教育訓練手冊、門市運作手冊等。「很怕一代不如一代」，徐重仁說，加快腳步成立 COS 企劃中心的原因，主要是當時每年要拔擢一百多位店長，很怕口頭傳授出現誤差，如果師徒相傳只能傳達出六成，那麼年輕店長還是要自己摸索。

這一個個標準基本動作的確認，是維持 4,000 家店品質不墜的關鍵，而協助門市店長落實這些標準化流程，就靠「區顧問」。目前統一超商把全臺灣分成六區塊，每一區從區顧問、營銷經理到部長，每一位顧問負責 8 家加盟門市，每星期都要花上 20 小時，拜訪完一輪自己轄區內 8 家門市。

「連鎖業的『速成』要靠系統」，徐重仁說，服務業雖是靠人力完成，但是如何以制度而非人治，如何「系統化」的利用人力，就是靠 COS 企劃中心利用一份份門市通報、透過縝密的思考和反覆研討而結集成冊，落實到區顧問的每日行動，完成這個「系統」。

二、統一超商的企業文化

充分反映徐重仁最強調的價值理念：真誠與決心。多次訪問徐重仁，問他最想傳遞給員工的價值理念，他提到的也都是真誠與決心。

徐重仁也說過，很多有名的公司招募人才時，可能一定要學校 Top10 畢業的，但是超商用人，比較強調是否有顆忠厚純樸的心。只要為人誠懇、待人謙和、做事認真負責，就是人才。

而一旦有顆真誠的心進入公司，就必須培養像是一家人的團隊精神，沒有什麼單打獨鬥或個人英雄，一切成就都是團隊的力量。「在超商很少強調哪件事情是哪個人的功勞。一般都是說，這件事情哪個團隊做得不錯」，林盟欽說，其實自從高清愿三十七年前創辦統一企業，就一直強調團隊和諧的重要性，他還有一句名言：「我不喜歡說『英雄塑造』，我喜歡說『好人出頭』。」

至於創新，則是統一超商身處競爭激烈的服務產業必備的關鍵競爭能力，有別於母公司統一企業製造業的特色。

真誠、團隊、決心、創新等企業文化，不只表現在對人才要求上，也貫徹到集團內做的事情，甚至集團擴張也必須跟這些企業文化吻合。這讓統一流通次集團雖也和所有企業一樣必須不斷追求成長，但表現又不是那麼急功近利。

門市作業標準化

成立COS
作業標準化
企劃中心

1. 店長管理手冊
2. 區顧問手冊
3. 教育訓練手冊
4. 門市運作手冊

例如顧問換發票收銀的
動作和對話敬語也有一
定應對流程標準。

確保維持：4,800家店品質一致性

區顧問負責8家門市店

營銷部長

營銷經理

| 1.北一區顧問 | 2.北二區顧問 | 3.桃竹區顧問 | 4.彰中區顧問 | 5.嘉南區顧問 | 6.高屏區顧問 |

看好8家店

區顧問工作

區顧問

7-ELEVEN目前有500
位左右的區顧問，每年還
會訓練出60位左右的區
顧問。因此7-ELEVEN仿
照國外企業設立內部大學
USET(University of Seven
Eleven Taiwan)，除了一
開始的訓練實習之外，還又
回訓和抽考。「區顧問」抽
考及回訓的內容如右：

1. 勤於拜訪門市店
2. 提供加盟店主的關鍵統計數字和情報
3. 傾聽店長意見
4. 提供外界環境變動的情報及其他店的情況
5. 協助加盟店獲利

統一超商
企業文化

企業文化

真誠！團隊！ 決心！創新！

人才！

不必一流學校，但須誠信、公
正、品德好、認真努力的人！

統一超商成立基金會
回饋社會與其人才致勝

統一超商享受逐漸壯大的果實時，也不忘回饋社會，而回饋的背後全是有賴穩定而忠誠的人力資本。

一、成立基金會回饋社會

1999 年，7-ELEVEN 店數突破 2,000 家，在慶祝企業經營成功、享受逐漸壯大的果實時，也不忘回饋社會。徐重仁當時覺得，已經到了可以成立基金會的時候，因此在同一年成立「好鄰居文教基金會」，每年提撥統一超商稅後盈餘的 5‰ 作為基金運作經費，希望可以更有系統、更有組織地從事社區公益活動，一點一滴，綿綿密密，持持續續，協助社區進步、做好敦親睦鄰，讓統一超商與整個大社會一起攜手進步，也讓統一超商的努力，愈來愈多人看得到。

《天下雜誌》一年一度標竿企業調查，統一超商第一次打敗眾多競爭者，得到最佳企業公民責任獎。「參與公益沒有盡頭」，當期統一流通次集團的內部刊物上，向員工分享得獎訊息時，不忘砥礪大家仍要再接再勵。

二、穩定而忠誠的人力資本

在超商，每年全公司離職率約只有 0.6%，流動率不到 3%，而一般企業的平均流動率約 15% 以上。十幾年來，超商的高階幹部流動率幾乎是零。公司歷史才二十七年，而二十年以上年資的資深幹部，就有五十多位。分散在流通集團三十幾家東公司中，年資超過十五年、擔任部主管 (二級主管) 以上職位的幹部，至少 150~160 位。若加上沒有當上部長級、年資超過十五年以上的員工，共 350 多位。

公司不重視高學歷，在統一超商只要努力認真、人格端正，就能有不斷成長的機會，「我們公司不重視學歷，但重視是否有向上的心。」

超商第二個吸引人才的魅力，在於公司一直快速成長，不管是什麼職位的員工，都享有無限寬廣的舞臺。徐重仁常在內部會議激勵部屬向上成長學習，「什麼是我們發展的限制？不是資金，不是別的，而是人才。人才夠不夠、能力好不好，才是成長的關鍵。」除了企業文化與不斷擴展的舞臺外，超商對於員工教育訓練投資也不遺餘力。統一超商每年的教育訓練預算約 6,000 萬，整個流通次集團加起來則有 1 億。在深坑訓練中心針對不同階層員工的不同訓練課程，從不曾間斷。經理級的人才，公司每年舉辦一至二團的日本學習之旅。為了培養未來更多的總經理人才，也正與政治大學企管系計畫開辦企業內的總經理學院。

統一流通次集團與日本合資的汽車百貨公司統一皇帽，日本創辦人鍵山秀三郎的經營語錄中有這麼一段：「對經營而言，重要的通常是人才、設備、資本。但我認為應該是人才、人才、人才」。統一流通次集團，正努力實踐這樣的經營之道。

好鄰居文教基金會

1999年

| 成立：好鄰居文教基金會 | ➡ | 每年提撥稅後盈餘 5‰。 | ➡ | 回饋社會，做各種公益活動！ |

包括清掃、關懷青少年、飢餓三十、幫慈善團體募款、協助地方繁榮、協助老店翻新、為SARS病患送便當……等等。

參與公益，沒有盡頭

1 天下雜誌 統一超商獲最佳企業公民責任獎！

☞ 穩定而忠誠的人力資本

* 每年全公司離職率：只有 0.6%
　流動率：只有 3%

* 年資 15 年以上主管：350 多位

* 年資 20 年以上資深幹部：50 多位

* 公司不重視學歷，但重視是否有向上的心！

統一超商承襲自統一企業的傳統，強調公正、真誠對待員工。不管是什麼學歷、什麼家境背景出身，只要態度真誠、認真負責、努力向上，就是人才。不管是高清愿還是徐重仁，在許多場合也都不斷以身教與言教強調，在這個集團內服務，不用討好長官、不用送禮、更不允許有派系，只要認真做事，公司就會公正對待你。「我們公司的文化很單純，大家只要認真做事就好了，不必拍主管馬屁，不用擔心勾心鬥角」，許多員工都這麼說。這讓員工對公司有一定程度的信賴，覺得公司一定會真誠對待他們，激發主動向上的心。

人才，才是企業成長的關鍵

什麼是限制企業的成長？ ➡ 不是資金！ ➡ 而是人才！

人才！人才！還是人才！

優秀人才要夠多！

Date _____/_____/_____

第 **4** 章
臺灣流通教父徐重仁的領導經營祕訣

4-1 統一超商如何轉虧為盈

徐重仁如何讓統一超商轉虧為盈呢？以下領導祕訣是其致勝的關鍵所在。

一、統一超商轉虧為盈的關鍵要素

（一）**必須要多看、多學，也就是所謂的終身學習**：終身學習就是要看得多，然後，要去思考，人家為什麼要這樣做？

（二）**要思考該怎麼做**：要參考美國 7-ELEVEN 要怎麼做？日本 7-ELEVEN 怎麼做？要賣什麼產品？店址應該選在哪裡？要怎麼做廣告宣傳？要思考日本 7-ELEVEN 成功的關鍵因素 (KSF) 究竟是什麼？然後派人去學習取經。

（三）**要給一個清楚的成長目標**：統一超商設定在 1991 年展店 100 家，1995 年展店 1,000 家的目標都達成時，就要思考如何才能達到 2,000 店。當時，當徐重仁宣達 2,000 店目標時，業務發展部主管簡報說，臺灣市場已經飽和了，不能夠再展店。聽了這個報告後，就決定把這個主管調單位，因為，他已不適任了！

（四）**為達公司成長目標，一定要選對人，用對人；不行，就要下決心換人**：後來，調黃千里副總擔任業務發展部主管，啟動公元 2000 年達 2,000 店計畫。黃副總很積極，勇於任事，爭取公司人力、物力的支援，終於在 1999 年達成 2,000 店成長目標，這是一個相當突破性的里程碑。

（五）**各種人才的特色，要很敏感的察覺**：徐重仁可以很敏感的察覺到每一個主管的特色，然後用他們的特色及專長。有些中、高階主管不行，沒有方向，沒有想法，沒有領導力，最好的答案，就是換掉他。

（六）**選對人之後，要授權**：徐重仁怎麼管理旗下 40 多家轉投資公司呢？答案很簡單，首先必須要先識人；然後，必須授權，但授權也需要經過他每三個月參加每家公司董事會，了解經營賺錢與否而決定授權之寬與緊。

（七）**塑造一個可以讓他們很安心的企業文化**：在統一超商這個組織中，大家覺得很安心，好像從來沒有人會懷疑老闆會帶他們去錯誤的方向。組織文化很單純，員工只要專心工作，把事情做好就好，不用擔心別的事，也不用巴結或討好老闆。

二、短、中、長期作法

（一）**短期作法**：變革是立刻要做的第一步，要先切除不良因子，輸入好因子。包括先改變店面立地 (Location)，從巷道社區內，改為三角窗及大街道選址；再來改變目標顧客群，由家庭主婦改為年輕上班族。

（二）**中期作法**：注入一些新東西，強化企業體質，包括不斷改變及加強商品結構，以及每個月定期做一次主題促銷活動，吸引顧客注意力。

（三）**長期作法**

（四）**現在到未來**

統一超商轉虧為盈，怎麼做到的？

7大關鍵要素

1. 必須要多看、多學習。也就是終身學習。
2. 要思考怎麼做！
3. 要給一個清楚成長目標！
4. 一定要選對人，用對人；不行，就要下決心換人。人。
5. 對各種的人才特色，要很敏感察覺。
6. 選對人之後，要授權！
7. 塑造一個可以讓他們很安心的企業文化。

例如：日本的7-ELEVEN為什麼要這麼做？為什麼會成功？Why？

每年派人去日本7-ELEVEN公司，取經學習之旅。因為人家做的比我們成功，我們就要向他們學。

如何選對人？

憑他的直覺力與觀察力，覺得某個主管可以擔當此重任。

如何管理子公司？

賺錢公司　可以放鬆一些

虧錢公司　加強「重點管理」＋告訴他們方向、策略與作法

短、中、長期作法

1. **短期作法**　變革是立刻要做的第一步，要先切除不良因子，輸入好因子。

2. **中期作法**　注入一些新東西，強化企業體質。

3. **長期作法**　當企業體質逐漸強壯時，就加速開店、展店。1995年，滿1,000店時，就開始對企業加重量，要求五年內，展店速度成長一倍，達成2,000店挑戰目標。

遙遙領先第2品牌

500店(1990年)	1,000店(1995年)	2,000店(2000年)	3,000店(2005年)	4,800店(2010年)

4. **現在到未來**　企業雖然壯大了，但仍要不斷改造體質、增強體力。

改革口號(Slogan)

2012年：7-Eleven經營口號

改造體質，提升水準，

1.商品力提升　3.店面力提升　5.服務力提升
2.人素質提升　4.組織戰力提升

朝「滿足顧客」方面走

徐重仁認為一個成功的領導者應具備五大要件，以及將策略方向擺在首位。因為如果領導者不知要將船開到哪裡去，底下幹部可能更缺乏遠見，而看不到中長期要往哪裡走了。

一、成功領導者 5 大要件

(一) 領航者要知道將船開往哪個目標與方向：做一個領導者，做一個經營者，要做好領航者角色。要知道——目標在哪裡？方向在哪裡？策略在哪裡？重要作法在哪裡？

如果領導者自己都不知道要去哪裡，沒有一定的方向，可能會開到碰到冰山而失敗！

(二) 要有一個當責的決心：既然要做領導者，你就要負責，就要用心，就要很投入，就要有必勝的決心，而不應只是說，我就試試看再說；反正，老闆也不會對我怎樣。

(三) 你自己一定要有遠見，要有自己的思維與 Sense：在公司內，一般人都覺得徐重仁對事情看得很仔細而且很嚴格；因為他對事情希望做到最好。

徐重仁常常在開會中，講現在並不存在的東西，講今後可能會變成怎麼樣，講些未來的事情，底下幹部可能會沒辦法體會，因為他們就缺乏遠見，而看不到中長期要往哪裡走了。

(四) 正派、透明的經營：經營事業只要正派經營、穩健踏實、財務透明、用對的人，這樣子這事業應該會成功。

(五) 經營事業，不進則退：高階幹部群如果沒有努力去經營，或認為自己經營得很好，在這種情形下，你會過於安逸，也不會有創新突破；事實上，這潛伏期有很大衰退的風險。因為，時代環境每天改變很大。

徐重仁要講的重點就是：你要不斷去想事情，不斷去改變，不要安於現狀，否則會讓競爭對手趕上。

二、策略方向最重要

當大家做事情都捲在複雜的事情當中，都是做很細節的事情，都沒有在想什麼是正確的策略方向時，這樣的企業，是很難有長期性的成功。

徐重仁認為：「事實上，策略方向是最重要的。如果你沒有站在高度，並且你沒有定調時，你所有的行動，都會必成徒勞無功。」

徐重仁也同時表示：「做事業的未來就是除了策略清楚、方向對之外，還要靠一群很認真執行策略的人馬，這樣事業成功率就會很高。」

成功領導者5大要件

成功領導者5大要件

1. 領航者要知道將船開往哪個目標與方向

2. 要有一個當責的決心

3. 你自己一定要有遠見，要有自己的思維與 Sense

4. 要正派、透明的經營

5. 經營事業，不進則退

策略方向最重要

策略方向最重要

→ 1. 沒有站在高度並無法定調時，行動會徒然無功。

→ 2. 沒有正確的策略方向時，企業很難有長期性成功。

→ 3. 策略清楚與方向對之外，還要靠認真執行策略的人馬。

安逸於現狀，潛伏未來衰退風險

1. 安逸於現狀　➡　2. 不能再創新突破　➡　3. 最後，會有衰退與失敗風險

領導者，要做好領航角色

領導者

率領大家

1. 目標在哪裡？
2. 方向在哪裡？
3. 策略在哪裡？
4. 重要作法在哪裡？

幹部缺乏遠見的不良後果

幹部群：缺乏遠見？

1. 無法體會老闆講的東西！
2. 看不到中長期要往哪裡走！
3. 抓不住未來潛在新商機！
4. 無法再進階成長了！

思考未來潛在商機與努力吸收學習

徐重仁認為一個成功的領導者不能滿足於現狀，一定要隨時處於備戰狀態，以洞察未來的商機所在。當面對新商機時，一定要有所改變，而改變是需要強大的執行力。

一、看到未來商機

徐重仁指出，當一個人或組織，處在一個成功的階段時，他就會提出警訊。很多人都會覺得現在已經營很好了，還要做什麼呢？但是，他好像偵測到海嘯一般，已經先感應到未來的情況。

徐重仁跟別人思考的不一樣，他花了很多心思去考慮未來的潛在商機。他堅持必須要有所改變，一定要知道未來的改變與趨勢。所以，City Cafe、鮮食便當、ibon 多媒體機、7-Select 自創品牌產品、店面擴大、增加餐飲座位區……等，都是他堅持的改變。

當堅持改變，要做時，徐重仁會把這個重任，交給一定會執行而且很認真投入的人來做！不能挑一個沒有執行力的人來做！

二、國際商業世界裡，處處是新商機

在國際商業的世界裡，你本來就可以主動學習很多新東西，只是你有沒有睜大眼睛來反應。反應，就是要有所行動。

徐重仁表示，現在成功的旗下公司，都是他從國外引進來的，包括從日本引進 7-ELEVEN、無印良品、黑貓宅急便、康是美、統一阪急百貨、多拿滋甜甜圈店等，以及從美國引進星巴克、Cold Stone 冰品連鎖店等。

三、努力吸收學習

徐重仁表示，他不是天生就很會經營事業的人，但是，他很努力從書本、雜誌、電視、網路上吸收新知學習，並且消化，衍生出新想法與新點子，並會將好的概念實際運用在工作上。

徐重仁每天，不只看國內的事業書報、雜誌，而且也看來自日本的商業財經雜誌、報紙；他家還裝有可以看到日本各大電視台的衛星電視。另外，他每年一次要出國一、二次，到日本、美國、大陸、歐洲去看一看。

小博士的話

放眼天下的新商機

企業經營者或其經營團隊，必須經營走出臺灣，去更先進國家看看，去更先進的企業學習，不要在臺灣這麼小的市場「坐井觀天」。古人講「讀萬卷書，不如行萬里路」，在國外市場你可以看見更多臺灣可以做的新商機，從而可以引進來，可以模仿學習，然後，公司的成長契機就從這裡開始了！

看到未來商機

1.成功勿滿足
· 處於成功階段時!

2.發現新商機
· 要再花更多心思去偵測、洞察未來潛在新商機!

3.知道趨勢是什麼
· 堅持必須改變,一定要知道未來的改變與趨勢!

👉 **7-ELEVEN 新商機案例**

7-ELEVEN 不滿足現況!

開發新商機

1. City Cafe
2. 鮮食便當
3. 義大利麵
4. ibon 機
5. 7-Select 自創品牌
6. 餐飲座位區

執行力很重要 | 當要展開改變時 | 交給很認真、投入、很高執行力的人去做!

國際商業世界裡,處處是商機

7-ELEVEN 超商集團——從國外引進臺灣——

1. 7-ELEVEN	2.無印良品	3.黑貓宅急便
4.統一阪急百貨	5.多拿滋甜甜圈	6.星巴克
7. Cold-Stone冰品店		8. afternoon tea

NEWS

每個人要努力吸收學習

1.看臺灣、日本很多書本、雜誌、電視、網路吸收新知

2.出國參訪、考察、洽談、市調、參展

· 衍生出新想法
· 衍生出新點子
· 衍生出新作法
· 衍生出新方向

轉化與實際應用在工作改革上

要思考未來成長曲線
與重要經營信念

徐重仁重用現場主義的戰將，強調要思考未來的成長曲線及集團資源共享。

一、要思考未來成長曲線何在？

當初整頓黑貓宅急便時，徐重仁指示黃千里擔任總經理。徐重仁是對工作很投入的人，他是現場主義的人，會跟著送貨車跑到第一線現場去，深入了解問題所在。並且思考如何讓公司轉虧為盈？讓公司生意更好？成本更低？

企業一定要思考未來五到十年後第二條、第三條成長曲線在哪裡？並預做長期步驟的準備。如果只是把一、二年內的生意做好就滿足了；總有一天，你會被競爭對手或跨業對手追趕過去。到時，就為時已晚了。

二、共享集團資源

徐重仁每個月召開一次集團交流月會，旗下40家子公司總經理或執行副總，都會回到統一超商總部，開會一次。最後，由徐重仁再做結論。

集團交流月會，已經開十五年了，主要目的有下列四個，一是讓子公司相互觀摩、相互扶持，不會孤單，不是單獨作戰，也不會各做各的，有本位主義。二是彼此相互學習精進，其他公司有成功的或好的作法，可以模仿學習。三是每家子公司都可以提案，共享集團資源，互相合作。四是由徐重仁強調經營理念，引導方向，講解國內外市場，最新趨勢與未來方向。

徐重仁強調，一個好的領導者，必須站在一個集團的觀點，如何做好分工達到綜效，而不是各做各的。透過整合，做到資源共享，讓集團整體效益最大化。

三、七項重要的經營信念彙整

徐重仁的經營信念可彙整以下七項，一是成功的企業，都是能夠找到自己事業體的核心價值。二是經營者必須引導企業朝向正確的方向前進，做對的策略思考，並堅持到底直到成功。三是用心，就有用力之處。四是高階部們，一定要跟上世界潮流的變化。五是企業能否百年不墜，最重要的是能否做到創新與突破。六是企業應回到基本點，那就是必須徹底實踐「顧客導向」的原則。七是短期內有些事業會有虧損現象，徐重仁相信只要修正方向、策略及作法，它一定會好。

四、離開統一超商，要淡定，不用強眷戀

徐重仁表示，他在統一超商度過三十五年歲月，並做了二十六年總經理；世代總要交替的，人生也要學會自我調適；淡定而不用強眷戀，就是他做人做事的態度。未來，希望能夠幫助年輕人去創業。

統一超市近三年營收及獲利表現

年度	2010 年	2011 年	2012 年
營收額	1,017 億	1,146 億	1,227 億
稅前獲利額	40 億	57 億	63 億
獲利率	3.9%	5%	5.1%
EPS	3.9 元	5.5 元	6.1 元

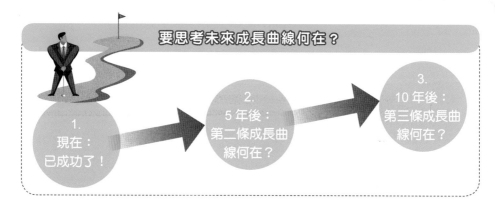

要思考未來成長曲線何在？

1. 現在：已成功了！

2. 5年後：第二條成長曲線何在？

3. 10年後：第三條成長曲線何在？

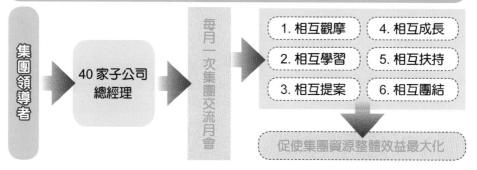

共享集團資源

集團領導者 → 40家子公司總經理 → 每月一次集團交流月會 →

1. 相互觀摩　　4. 相互成長
2. 相互學習　　5. 相互扶持
3. 相互提案　　6. 相互團結

促使集團資源整體效益最大化

7項重要經營信念

重要經營信念

1. 建立企業核心價值！
2. 策略方向要對！
3. 用心，就有用力之處！
4. 要跟上世界潮流變化！
5. 持續創新與突破！
6. 實踐顧客導向！
7. 要不斷修正方向、策略與作法！

要很清楚的如何建立及鞏固自己的核心價值。

若不能做到，就沒有辦法持續發展下去。

為顧客創造更快、更便利、更豐富、更感動、更美好與更進步的生活感受。

離開：要淡定，不用強眷戀

統一超商：創造企業總市值1,600億，是歷史新高！ → 擔任26年總經理工作35年 → 如今要離開了 → 要淡定，不要強眷戀！ → 統一7-ELEVEN最值得驕傲的事業！

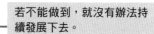

Date _____/_____/_____

第 **5** 章
阿瘦皮鞋的經營
管理與品牌行銷

阿瘦皮鞋的發展沿革與通路拓展

　　阿瘦皮鞋之所以能成為國內第一連鎖鞋店品牌，當然有其因應時代之變革。

一、阿瘦歷經五次改革，拓展新局

　　阿瘦為求生存歷經五次改革，第一次由擦鞋店轉為製鞋銷售。第二次由區域性開店而擴張為全國性通路。第三次提升其連鎖化經營管理的能力。第四次投資深化品牌經營。第五次則在創新品牌經營，展開多角化、國際化與潮流時尚業發展。

二、阿瘦家族企業上市櫃

　　阿瘦皮鞋為拓展新局，也讓財務在 2012 年 7 月公開發行，2012 年 9 月興櫃掛牌交易，2013 年股票上市櫃，而公司主管及大部分員工，均為公司股東之一。而該年年營業額為 36 億；直營門市店為 285 家；年獲利額為 3.6 億。

三、阿瘦發展過程階段

　　阿瘦發展過程計有以下四階段，第一階段是摸索期，即從一個小擦鞋攤，到26 家店，關鍵能力是商品力。第二階段是複製期，即由 26 家店到 100 家店，由區域性通路變成全國性通路，更增加連鎖化通路經營能力。第三階段是擴張期，即五年內，由 100 家倍增 200 家店，總部管理能力大為提升。第四階段是創新期，即開店成長幅度縮小，發展第二品牌 BESO，品類朝皮包、配件周邊產品延伸。

四、老董事長堅持的核心理念

　　阿瘦老董事長的核心理念有以下三大堅持，第一堅持是服務標竿精神。第二堅持是品質，即要一針一線實實在在，代表著阿瘦皮鞋長期對產品品質及穿著舒適度的堅持，得到顧客的信任，進而累積出品牌力。第三堅持是人才，因為只有認真負責的員工，才能幫老董事長分工，讓生意更旺。

五、展店的精準性與全國性

　　2002 年時，阿瘦皮鞋計有 26 家店及 26 個百貨專櫃，合計 42 個營業擴點，年營業額 6 億，只限在都會區商圈開店。但競爭對手 La New 開店則已突破100 家了。

　　阿瘦面對存在危機，決定改變保守謹慎的經營策略，大幅朝二、三級城鎮，加速複製展店。阿瘦展店的精準性乃是掌握對商圈發展的觀察研究、對消費潛力的判斷、良好立地條件門市的選擇、店租金控管良好四要件，所以很少有失誤，展店成功率高。而其選店的評估指標有七點，即交通便利性與動線、人潮多寡、商圈消費潛力、附近是否有知名連鎖店進駐、門面多寬、租金負擔、其他項目。

經營連鎖零售業成功關鍵

貨
商品力
(占50%)

人
團隊力
(占30%)

場
通路力
(占20%)

感謝競爭對手，加速展店：衝、衝、衝

☞2002 年

26家店

★訂下：3年百店目標
★培訓：200位儲備店長要求

☞2004 年

100家店

★訂下：4年200店目標
★全國劃分13區業務

☞20028 年

200家店

☞2013 年

280家店

★成為全國第一大連鎖
　鞋店品牌
★通路力成為關鍵優勢

展店要訣：快、精、準

快 連鎖品牌要提高市占率，就得加速布局，擴大通路規模與密度。

精 精確的商店店租議價能力，租金是否合理，控制成本。

準 用心觀察商圈發展趨勢，適時卡到好位置，掌握人潮與錢潮，提高展店成功率。

店面已漸飽和，朝向複合式大店

☞現在

全台 280 家店已漸飽和

☞未來

■朝向較大坪數 (100 坪)
　設立大型複合店門市
■阿瘦 BESO 及其他品牌
　均在裡面

 阿瘦皮鞋

60 年老企業
台灣第一連鎖鞋店品牌

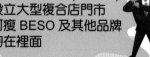

1

阿瘦皮鞋的商品開發、採購及物流

用心傾聽市場需求，乃是阿瘦皮鞋開發商品的首要祕訣。

一、商品開發採購要訣

皮鞋與服飾一樣，都是流行時尚產業，商品開發採購作業至少都要提前二季 (半年) 進行，而且必須嚴謹，否則就無法創造好業績。董事長自己及商品企劃開發人員每年要出國看鞋展，例如義大利米蘭展、德國杜塞道夫展，以了解國外最先進的趨勢與流行，同時搜集樣品回來。

二、新品規劃開發作法

阿瘦皮鞋新品規劃開發有以下兩個作法，一是與外部廠商合作開發採購；二是自行開發。阿瘦自行開發出來的新品要由內部評鑑會進行篩選後，才能決定是否生產、銷售。

三、內部評鑑會之進行與功能

評鑑會又稱為「看貨會」。每一季的評鑑至少分三個場次進行。參加成員包括各事業群處的高階主管、營業總監區主管、門市店長專櫃人員、總部各單位推薦人員 (內薦達人) 等合計 100 人之多。每個成員以複選方式，挑選出自認符合當季規劃主題，而且最可能熱賣的商品。依據評鑑結果，歸納出一個清單，據以採購下單。

內部評鑑會主要具有三項功能，即 1. 維持商品開發及採購準確率在高水準；2. 降低庫存量，避免浪費，以及 3. 提高營收績效。

而內部評鑑會的篩選步驟是根據過去實際銷售數據資料 (BI 系統)、商品管理作業系統 (BI 系統) 來作為商品採購下單與管理的重要依據。

所謂 BI 系統就是商業智能系統 (Business Intelligence, BI)，它是整合 POS 系統及 ERP 系統，成為更先進的 BI 系統，奠定商品管理與營業分析的扎實基礎，供為營業策略制定與目標管理之重要決策科學之參考。如此正確下單採購、貨暢其流，又兼顧營利，正是商品管理的最高原則與目標。

四、羅榮岳董事長兼總經理推動工作的三個原則

(一) **維持**：過去做成功的事，必然仍有繼續維持的價值。

(二) **改善**：過去做不好的地方，只要找出問題加以改善、調整，必可提高績效。

(三) **創新**：找出創新的方法或空間，才能提升管理效益。

新品開發內部評鑑會

新品開發完成

↓

篩選新品步驟

（由內部評鑑會進行篩選）

↓

從中挑出最有可能熱賣的鞋款，篩選率只有 2 成；
入選的，才進入生產、訂購、銷售；並使庫存量降到最低。

阿瘦商品採購管理作業3大機制

① 是商品內部評鑑會

② 是商品分級下單

③ 是初單、補單搭配操作

物流效率

☞ 現在
◆ 2 天時間即可到店
◆ 全面採用條碼檢貨、
　出貨；以提高準確率

☞ 過去

5 天時間
才會到店

5-3 阿瘦皮鞋的品牌行銷、營業管理及未來願景

阿瘦皮鞋是全家人光臨的皮鞋店,而未來的阿瘦將朝「鞋、皮、衣」邁進。

一、品牌總定位

阿瘦皮鞋的品牌總定位是鎖定「全家人光臨的皮鞋店」,分成男鞋、女鞋、童鞋三種類群,商品強調優雅、時尚、舒適、流行元素;品牌分成自製品牌、代理品牌、多品牌並進的多元化選擇。

二、60 萬名:忠誠 VIP 顧客

到 2013 年底為止,阿瘦 VIP 會員人數,已實破 60 萬名。這些顧客資料庫都有名字、電話、住址,以及購買資料 (CRM 顧客關係管理系統)。

三、引進代言人及廣告,讓品牌年輕化

阿瘦皮鞋看到品牌老化的不利影響,因此,委託廣告公司拍攝名模代言的電視廣告片,並喊出 A.S.O (you are so beautiful) 的廣告詞,短時間,老品牌活化起來了。然後,近年來,又採用「犀利人妻」偶像劇爆紅的隋棠,連續三年做為代言人,效果也很好,如今,阿瘦不再老化了!

四、營業管理作法

阿瘦皮鞋每年年底會舉行二天一夜的「年度營運計畫會議」,其目的有二:一方面檢討當年度的營運績效如何;一方面確認新年度的營運計畫與數據目標。

在目標管理方面,各單位主管部會隨身攜帶一份「業績進度」,這是掌握業績狀況的利器。包括營收額達成率、來客數、客單價、VIP 與散客比例、各類商品的銷售占比、各大促銷檔期的達成率,以及其他等。

在促銷檔期方面,可分成最重要的及次要的促銷檔期。全年最重要的四大促銷檔期為春節、母親節、父親節,以及週年慶。其他次要行銷檔期,則包括換季、新品上市、情人節、聖誕節等。

阿瘦希望透過上述促銷檔期,達到月月都有促銷活動。這些活動均由營業企劃單位負責規劃。

2004 年時,慶祝 100 店時,推出「第二雙 100 元」促銷活動,大為成功。
2007 年時,「第一雙 8 折,第二雙 6 折」,也很成功。

五、阿瘦未來的發展總方向

至於阿瘦未來的發展總方向為何呢?在 2012 年度經營計畫會議上,羅榮岳董事長宣布,將帶領阿瘦皮鞋朝向「鞋、皮、衣國際時尚集團之路邁進,開創新的獲利模式。」

2004年：廣告公司的創意形象廣告

阿瘦 ➜ A.S.O → A.S.O. ➜ You are SO beautiful → 阿瘦可以為女人增添美麗 → 新 CI 與 logo → 聘凱渥 4 位名模為代言人（白歆惠、張珈禎、童怡禎、許瑋甯）

➜ 結果 1.TVCF 一炮而紅，也成為廣告金句得獎。
　　　 2.將阿瘦品牌年輕化、時尚化，去掉土味。

運用代言人策略成功，引發媒體效益

☞ 2004 年 4 位凱渥名模

☞ 2008 年謝震武當男鞋產品代言人

☞ 2009 年隋棠當女鞋產品代言人

☞ 2010 年溫昇豪當代言人

☞ 2011 年 2012 年隋棠＋溫昇豪雙代言人

邁向流行時尚產業平台發展

阿瘦：

鞋、皮、衣流行時尚產業平台Platform

① 品牌力　　② 通路力　　③ 人才力　　④ 商品力

Date _____/_____/_____

第 6 章
全球第一大電子商務公司
——亞馬遜帝國成功學

亞馬遜帝國創業十七年後的驚人成就

　　賈伯斯後第一人——貝佐斯，普林斯頓大學機系畢業，三十一歲在西雅圖創設亞馬遜開始在網路上賣書 (1995 年時)，那時全美最大連鎖書店邦諾，僅能展示 17.5 種書目，但亞馬遜可以在網路上提供 350 萬種書目，是邦諾的二十倍之多，大大破壞了出版業生態。

　　而同樣賣書，亞馬遜的營業利益卻高出全美最大連鎖書店邦諾六成。除此之外，這個破壞的天才——貝佐斯，究竟還創下什麼驚人之舉呢？

一、亞馬遜基本資料

　　亞馬遜總公司在美國西雅圖；海外子公司分布在英國、德國、法國、日本、中國、加拿大等地。

　　亞馬遜 2012 年營收 480 億美元 (相當 1 兆 4,400 億臺幣；中華民國 102 年度政府總預算歲入 1.7 兆元臺幣，歲出 1.9 兆元臺幣)；2012 年 7 月 20 日美國那斯達克 (NASDAQ) 股價 226 美元 (非常高的股價)；本益比 183 倍 (相當高，高過蘋果公司)；企業總市價超過 1,000 億美元 (相當 3 兆臺幣)；每年服務顧客數為 1.47 億個顧客；自建倉儲中心商品量為 9 億件商品品項；自由現金流量 (Free Cash Flow) 為 25 億美元 (相當 750 億臺幣)。

二、亞馬遜驚人的成就

　　亞馬遜 2011 年營收 480 億美元，比全球一半國家 GDP 還高 (冰島 140 億、不丹 14.9 億)；亞馬遜股價 222.66 美元，在科技四巨頭中，本益比最高 (亞馬遜 183 倍、臉書 101 倍、Google17 倍、蘋果 14 倍)；亞馬遜是全球最大電子商務零售商，美國市占率 22.5% 是第二名，eBay 的三倍以上 (亞馬遜 22.5%、eBay 6.3%)。

　　亞馬遜 1995 年以 350 萬種書，挑戰約 17.5 萬種書的書店龍頭邦諾，結果導致邦諾虧損、傅德斯破產、500 家獨立書店倒閉，亞馬遜成為全球最大網路書店；亞馬遜 1999 年至今銷售品項多達 9 億件，無所不賣，結果導致全國零售龍頭沃爾瑪連九季營收下滑、百思買 3C 連鎖店關閉 50 家店、電路成破產，亞馬遜成為虛擬零售通路霸主；隨後亞馬遜緊咬蘋果，2007 年推出 Kindle，挑戰蘋果，結果是亞馬遜成為全球第二大平板電腦廠商；1998 年亞馬遜音樂商店開幕，結果導致數位音樂龍頭 CD Now 被它購併，淘兒唱片行聲請破產保護，亞馬遜成為全球前三大數位音樂供應商；亞馬遜 2006 年與微軟、Google、IBM 等競逐雲端代管服務，結果導致全球平均每人有 108 件東西存在亞馬遜雲端上，亞馬遜成為全球最大雲端服務商；亞馬遜 2011 年出版電子書，進軍 140 億美元出版市場，挑戰全美 6 大出版社，恐將壟斷圖書通路並摧毀其他零售商。

亞馬遜近3年營收額及稅前獲利

年度	2010 年	2011 年	2012 年
1.營收額	222 億美元	307 億美元	480 億美元
2.稅前獲利額	11.6 億美元	14.9 億美元	9.3 億美元
3.稅前獲利率	5.2%	4.8%	2%
4.營收成長率	—	38%	37%

亞馬遜驚人成就

1. 年營收 480 億，比全球一半國家 GDP 還高

2. 全球第一電子商務零售商，美國市占率 22%

3. 擊倒全美 500 家書店

4. 挑戰 Wal-Mart 全球最大實體零售店

5. 全球第 2 大平板電腦供應商

6. 打倒淘兒唱片行

7. 威脅全美出版社

8. 全球最大雲端服務商

9. 布局全球：美國、英國、德國、法國、日本、中國、加拿大

亞馬遜要做的是長期的事

你能想像貝佐斯在亞馬遜一年虧 7 億美元後，仍要花 2.5 億美元蓋倉庫的背後思維嗎？從貝佐斯名言：「IT's all about long term!」，即能找到答案了！

一、瘋狂的 CEO

2000 年網路泡沫化後，亞馬遜的市值縮水到七分之一，投資人不滿的主因，是亞馬遜上市六年後，就已經虧損超過 30 億美元，近新臺幣千億元。更慘的是，就在 1999 年，貝佐斯不顧反對聲浪，大手筆發行 20 億美元的債券，加蓋五座每個成本需要 5,000 萬美元的物流倉庫，當年亞馬遜虧損 7 億美元，而合計新建產能，亞馬遜只需要用到三成。貝佐斯回應：要創新，就要接受長期的誤解。

二、我們要做的是長期的事

貝佐斯讓華爾街感到，這是個瘋狂而不可控的領導人，拿投資人的錢開玩笑。

「我們要做的是長期的事。」在貝佐斯眼中，網際網路的革命才剛開始，他現在正迅速建立起帝國的經濟規模。

直到 2003 年，亞馬遜在大家無預期下，全年轉虧為盈。貝佐斯與美國媒體、華爾街間的緊張關係，才逐漸放鬆。

三、1997 年股票上市後給股東的第一封公開信

信中的內容，是十七年來貝佐斯說過千遍的事。他說：「我們將為『強化長期市場領導地位』，做持續的長期投資決策，短期的獲利以及華爾街的反應將不會進入我們的決策視野。」他說：「這只是網路的開始……這是亞馬遜的開始。」

亞馬遜從上市十五年來，在每一年的年報中，貝佐斯總會把這封信件附在最後。他告訴所有人，「我的想法，從來沒變過。」

今日的「電子商務帝國」傳奇。因為他「未忘」，在最困頓的時代，當我們瀕臨放棄，受不了他人誤解時，我們還可以告訴自己，再多堅持一點！再多一點！

四、一切都是從長遠來看

1997 年貝佐斯發出的第一份股東信，標題是「一切都得從長遠來看」。如果你做的每件事都設定在三年期間內，你的競爭者就會很多。但如果你願意以七年為期，就只剩下一部分人和你競爭，因為很少有公司願意那麼做。只要拉長投資期，就能投注心力在一些你原本不會有機會去做的事情。亞馬遜喜歡以五到七年為期做事，很樂於播種，使之成長，而且在願景方面很堅持，在細節上面很彈性。

我們要做的是長期的事

貝佐斯
董事長名言

→

It's all about long term!
一切都是為了長期競爭優勢！

↓

要創新，就是要接受長期的誤解！

↓

建立起帝國的經濟規模！

貝佐斯的高度：一切都是從長遠來看

在亞馬遜，
我們喜歡以 5-7 年
為期做事！

→

· 如果你願意以 7 年為期
　投資，就只剩下少部分
　的人與你競爭了，因為
　很少公司願意這麼做！

要強化長期市場領導地位，不應短視！

197

短期獲利，
將不會進入我們
的決策視野！

→

· Amazon 要的是長期市場
　的領導地位！
· 這個想法，從創業至今 17
　年，都沒有改變過！

把顧客放在利潤之前

貝佐斯很喜歡講一句話，「永遠都要緊緊掌握最顯而易見的事。」對亞馬遜而言，就是商品選擇性、到貨速度、降低價格，這樣時時以顧客為念，滿足顧客需求並且做出破壞式創新，正是亞馬遜成功的要件。

一、亞馬遜最終極的經營理念──以顧客為念

「亞馬遜要成為有史以來最以顧客為念的公司，」「顧客就是需要便宜、更多選擇，出貨迅速，」他列舉亞馬遜的三個目標。因此，貝佐斯去蓋讓自己資產周轉率降低的倉庫。他說：「沒錯，這整個計畫看來都是沒有效率，但假如我們沒有做這些，就會有感到不滿意的客戶……。」貝佐斯無條件把顧客奉為上帝，才能不設限的做出破壞式創新。

二、犧牲短利，讓超過七成顧客重複購買

貝佐斯累積投資上百億美元，建立 IT 資訊架構系統，亞馬遜因此擁有上億筆全球消費者資料，並可做 data-mining 創造進入門檻。

貝佐斯說：「不應該害怕我們的競爭對手，而是害怕我們的顧客，因為顧客手上才有錢，競爭對手絕對不會給我們錢。」

貝佐斯犧牲短利，換來長期信任，讓亞馬遜擁有上億筆全球最完整的消費者資料。他知道消費者年齡、消費習慣、喜歡看什麼書、住在哪裡、信用卡號碼是多少……，當你上網登入亞馬遜時，這個公司已經準備好推薦給你的產品；這並非隨機而是從你消費過的產品種類，以數億筆的消費者習慣去歸納分析而來。亞馬遜平均超過七成消費者重複購買率，並非憑空，這是其他人難以跨越的門檻。

三、要把顧客放在利潤之前

貝佐斯表示，要好好服務顧客，利潤才有真正意義！否則，也只不過是財報上空轉的數字罷了！而品牌，則是代表顧客對你的信賴，貝佐斯說：「亞馬遜從第一天開始，就在經營品牌這件事，品牌，代表顧客對這家公司的信賴；直到今天，Amazon 這個品牌至少值 100 億美金以上。」

四、想要有創新，就要有破壞

亞馬遜企業文化中最了不起的長處，就是接受一項事實：想要有發明，就必須要破壞。許多既得利益者，大概都不會喜歡這件事。

亞馬遜的企業文化以開拓者自許，亞馬遜甚至連自己的事業都願意破壞。其他企業的文化不同，有時候並不願意這麼做。亞馬遜的任務，就是引領這樣的產業。

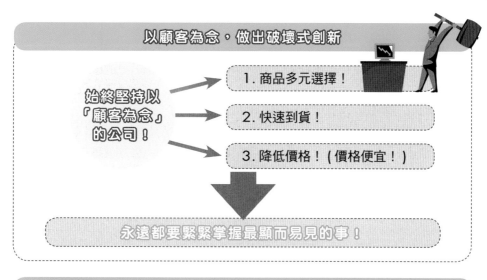

以顧客為念，做出破壞式創新

始終堅持以
「顧客為念」
的公司！

1. 商品多元選擇！

2. 快速到貨！

3. 降低價格！(價格便宜！)

永遠都要緊緊掌握最顯而易見的事！

建立並運用data-ming，花費100億美元，建置IT資訊架構

貝佐斯的帝國裡，他用累積已投資上百億美元的資訊架構，精算消費者行為，「每一秒網頁延遲，就會造成1%的顧客活躍性降低」。「2010年，我們設定了452個具體目標，有360個目標將直接影響使用者體驗。」相信數據的貝佐斯，當年因為23倍的網路年成長率而投入，在經營過程中，每1%的顧客滿意度改善，就代表亞馬遜存入1%的未來競爭力。

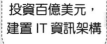

投資百億美元，
建置 IT 資訊架構

擁有 1 億筆以上
全球消費者資料

推薦產品

超過 7 成
顧客再購率！

把顧客，放在利潤之前

好好服務顧客，
利潤才有
真正意義！

否則，也只不過是
財報上空轉的數字
罷了！

品牌，代表顧客對你的信賴

亞馬遜從第一天
起，就開始經營
Amazon 這 6 個
字母品牌！

如今，這個品牌
至少價值 100 億
美金！

6-4 從亞馬遜學到四堂經營管理課

　　貝佐斯的領導術，讓亞馬遜創下許多令人讚嘆的成績！以下是 PChome 認為從亞馬遜可學到四堂經營管理課的分享。

一、做對事，比做有效率的事，更重要

　　亞馬遜是剛開始就做倉庫，PChome 是從 2006 年底才開始，我們沒有亞馬遜看得遠，但我們修正得很快，我們倉庫系統上線只有不到三百坪，現在是兩萬多坪，大概開發了十個月。倉庫需要很大的資本，當初建的時候全臺灣沒有一個好的系統支持我，我只好自己寫，那這種投資又笨，很幸運，我們能做出來。老實講，做倉庫做得那麼辛苦，那麼大、那麼多事情要注意，還以三班輪班……。企業一定要創造價值，只是你創造出來的，先滿足消費者還是投資者。

　　亞馬遜書店給我很大的啟示，如果我現在網站賠 50 萬元，可能是賠得還不夠多，為什麼不是賠 200 萬元？亞馬遜不斷犧牲獲利，就是要改變消費行為，他是非常有遠見，它的發展，是沒有盡頭的。原來做對的事比做有效率的事更重要！

二、想未來如何變化，根本白費力氣

　　很多人問未來會怎麼變？但很少人問未來五到十年有什麼不會改變？你用這些不變的東西為基礎，投入積極行動，十年後會有獲益。例如：你的競爭對手是誰？現有可運用有哪些？這些事情變化太快了，你也不得不迅速調整策略。反之，若投資長期的事，可以保證有所收成，而且不用隨環境起舞。貝佐斯雖然訂定目標，但在過程裡，卻不斷實驗調整，高度忍受不確定性，以達到「提供顧客多樣選擇、價格低廉及出貨迅速」的長期承諾。他的承諾是消費者需求的普世價值。

三、把「Why Not？」當口頭禪

　　從亞馬遜賣書，到賣百貨、賣平板電腦，當出版商，最後變成賣服務的歷史來看，亞馬遜一點都不「堅守本業」。亞馬遜犯過最多錯就是，「沒去做的錯」，意指，公司原應該注意到某些事，並採取行動，取得必要的技術及能力，然而卻沒有這麼做，結果讓機會溜走了。所以，他避免這一個遺憾的方式就是多問「為什麼不？」這也是避免下屬因為不想冒險，而直接否決創新機會的好方法。

四、不必管對手，掏錢的不是他

　　貝佐斯說：「在快速變化的環境中更有效。如果你是競爭者導向，當你的標竿分析都顯示你是最好的，難免就會懈怠下來。但如果你是顧客導向，就會一直力求進步……。這種策略好處多多。」

PChome從亞馬遜學到4堂課

PChome現在做倉庫，讓消費者不要等，就是創造了消費者價值，消費者跟PChome買東西，PChome賺到錢，產生的盈餘是當初投資PChome的人賺到的，所以當初投資PChome的他應該期待PChome跟客人的關係要很好。

亞馬遜書店給 PChome 很大的啟示

1. 做對的事，比做有效率的事，更重要。

2. 想未來如何變化，根本白費力氣。

3. 把 Why not 當口頭禪。

4. 不必管對手，掏錢的不是他。

我們學到了什麼關鍵概念？

從左述亞馬遜的四堂經營管理課，我們學到了十項關鍵經營概念：1.破壞式創新；2.做長期的事，才有進入門檻競爭優勢；3.堅持顧客第一的信念，不必管對手，掏錢的不是他；4.建立CRM，擁有上億筆顧客詳細資料；5.投資必要的錢在IT及倉儲中心上，絕對值得；6.做對的事，比做有效率的事情，更重要；7.要堅持最原先的理想；8.一切都得從長遠來看；9.不只要問Why？更要問Why Not？10.任何企業，都要經營品牌這件事。

Do the Right Thing!

1.Do the right thing! → 做對的事！

2.Do the thing right → 加快做事效率！

第一件事，比第二件事，更重要！

多問Why not？才能創新

1.Why not？
為什麼不？

2-1. 才會勇於創新！

2-2. 才會有未來！

 領導者，要有遠見！

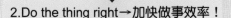

領導者

Visionary! 要有遠見！

· 才能選擇做出對的事！
· do the right thing!

如果你是顧客導向，你就會力求進步

不必管競爭對手，掏錢的不是他！

堅定顧客導向

你就不斷力求進步，並長期的領先競爭對手！

Date _____/_____/_____

第 7 章
日本 UNIQLO

UNIQLO 是全球第四大平價服飾集團，僅次於 ZARA H&R 及 GAP。該集團董事長柳井正連續多年，獲選日本最佳社長。

一、成功中潛伏失敗的芽

1995 年，柳井正在媒體刊登：「誰能講出 UNIQLO 的壞話，我就給他 100 萬日圓。」目的在得知顧客真正的心聲。結果，批評信如雪片般飛來，一萬多封回信多數指向「品質」問題。這些批評讓柳井正了解到 UNIQLO 產品仍不夠水準，看業績彷彿成功，但看品質卻是失敗的。所以，柳井正決心做到「便宜且品質又好」。

柳井正率一級主管到日本纖維大廠「東麗」公司尋求原料合作，又強力監督中國大陸的代工廠，推出高品質但平價刷毛外套，結果大賣。三年總共賣出近 4,000 萬件，門市店也從 300 多家突破到 500 多家，打響 UNIQLO 便宜又品質好的名號。

從一萬封抱怨信的失敗中，柳井正挖掘出成功的芽。刷毛外套熱潮退去後，缺乏接棒的明星商品，2002 年出現營收衰退。

二、安定志向是一種病

柳井正 56 歲時辭去社長職務，交棒給 39 歲玉塚元一，退居第二線。但新社長接任後，營收及獲利均下滑，離競爭對手也愈來愈遠。2005 年，決定換掉保守派社長，自己重掌兵符。他說，成功之時就是失敗的起點。

柳井正採取實力至上主義，高階主管若不成長，也會被降級。2009 年，21 個董事成員中，已有 7 個人被汰換或消失掉了。柳井正堅信：「嚴格使人成長。」UNIQO 員工總是說：「我從沒有看過董事長或 UNIQO 有鬆懈的時候。」在每週經營會議上，若那位店長沒有意見，柳井正就會說：「你下次可以不用來了！」

柳井正 24 小時都在想工作，就像是太陽一樣發光發熱照耀公司。在公司大會議室上，掛起「世界第一」的標誌，柳井正希望十年後，營收額能達 5 兆日圓，成為世界第一服飾集團。

柳井正的即斷、即決、即實行 (執行力、快速反應)，是 UNIQLO 的 DNA。

三、沒有安定成長，只有從敗中學

企業是一個只要不努力，就會倒的東西；一定要隨時抱著常態性的危機感。滿足現狀，是最笨的，一定要否定現狀，不斷改革；不這麼做的企業，就等於在等死。柳井正失敗過很多次，但他會思考讓這次失敗，成為下次的成功！

柳井正認為成長才是公司安全的保障，不成長的話，其實是不安全的。如果你按以前老方法做，也只能保持現狀，只有改變現狀，才能持續發展。

成功中，潛伏失敗的芽

| 成功了！ | → | 缺乏接棒明星商品 | → | 出現衰退！ |

安定志向是一種病

| 只要安定！ | → | 不求持續進步！ | → | 企業必會生病！ |

| 開會不講話，不表達意思與看法 | → | ・下次就不用來開會了！
・準備滾蛋了！ |

| 嚴格！ | → | 會使人成長！ |

立定長期目標：追求世界第一

| 柳井正董事長 | → | 在公司最大會議室 | → | 掛起：世界第一的願景標誌 |

即斷、即決、即執行

UNIQLO 的企業文化

↓

執行力、快速反應

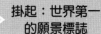

否定現狀，不斷改革

| 企業經營與領導 | 一定要否定現狀！ | 常抱危機感！ | 不斷改革進步！ |

| 要生存！ | 只有：改變現狀，才可能持續發展！ |

UNIQLO 創造熱賣商品的首要祕訣，就是傾聽顧客，不斷孕育好的商品。

一、3,000 次的「傾聽」

目前，UNIQLO 每月接聽 3,000 個顧客的聲音。UNIQLO 善於傾聽顧客，因此，不斷改良孕育好的商品。對於商品，UNIQLO 不怕顛覆，總是以更快的腳步檢討，改善自己。UNIQLO 很常改變，柳井正經常在會議中，三、五秒間就抓到新動向，敦促立即改變。每次改變，都帶來更好的結果。

二、UNIQLO 經營成功的五大祕訣

(一) 高品質與低價並進：在高品質確保方面，要求外包製造商從採購開始，要用等級最高的棉與聚脂纖維，混紡織法也用最高階；每個關卡都明定標準，把外部工廠當作自家工廠管。在製造端，UNIQLO 推動「匠計畫」邀請年資二、三十年日本紡織業老師傅們，赴中國常駐在 OEM 代工廠裡，擔任技術指導，監督 70 多家服飾供應商。而 UNIQLO 為創造成本優勢，1990 年代後即大量外包中國大陸代工廠。因為採購量及代工量大，故能降低成本，價格具破壞性。UNIQLO 設法直接掌握服飾原料來源，不經過中間商，故原料成本就比別人低。

(二) 快速反應市場：UNIQLO 對快速反應市場也下了很大功夫；在日本山口縣，在占地 3 萬坪的 UNIQLO 管理基地，裡面有 200 多人的 Call-center 客服中心人員，他們是蒐集顧客意見的情報員，他們把每個顧客的意見每個字都記錄起來。UNIQLO 平均每月收到來自客服中心、門市店、網路郵件等反應的意見達到 1,000 則；按公司規定，這些顧客反應意見，都要立即上傳系統，按 SOP 標準作業流程盡速處理。

(三) 商品策略是最核心點

(四) 簡單創造流行

(五) 超級店長制：每週一經營會議，約 60 名，包括超級明星店長 (Super Star；簡稱 SS)、明星店長 (Star)、區經理 (Supervisor) 等出席與會，由柳井正親自主持，並直接聽取店長們的意見，做決策參考。按業績規模店長分為 SS 店長 (超級明星店長)、Star 店長 (明星店長)、一般店長三級制。柳井正每月會有一天，帶著各部門高階主管到門市店去開「走動會議」，看看門市店商品陳設、熱賣及冷門商品為何。這稱為「突擊檢查」，柳井正在店裡 60% 都在聽取意見。UNIQLO 成長的最大引擎就是「好店長」。透過這些優秀店長，UNIQLO 可以每週掌握顧客喜好開發商品，並調整工廠生產線。柳井正視門市店為主角，總部是支援中心；門市店是頭腦，總部是手腳。柳井正最大目標，是把每個店長都訓練成社長 (總經理)，每天想「怎麼做，才能提高營業額」，店長必須「自己思考，自己做生意，是最重要的。」UNIQLO 不斷成長的營收，就是靠全球 1,000 多位優秀店長點點滴滴衝刺出來的。

UNIQLO經營成功5大祕訣

1. 高品質與低價並進

例如，喀什米爾毛衣的洋絨貨源，設法直接從內蒙古第一線來源採購得到；故原料成本就比別人低。

2. 快速反應市場，客服中心情報即時回饋各部門

這些意見主要有抱怨類、誇獎與讚美類、建議與想法類三大類。每天由客服中心主管彙整各類意見，下班前分送門市店或設計部門或商品部或行銷部門盡快處理。全公司最常看顧客意見及看得最仔細的，就是柳井正董事長。

3. 商品策略是最核心點

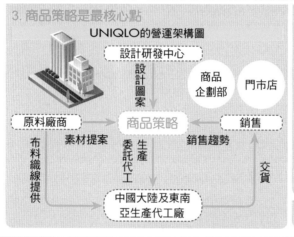

UNIQLO的營運架構圖

設計研發中心

設計圖案

商品企劃部　門市店

原料廠商 → 商品策略 ← 銷售

素材提案　生產委託代工　銷售趨勢

布料織線提供

交貨

中國大陸及東南亞生產代工廠

4. 簡單創造流行

UNIQLO是「no-name」、「timeless」，許多款式可以跨季、跨年銷售，而且不分男女老少、混搭性高。其品項相對簡單，品項數只有Zara的1/10；有利於製造的規模經濟化，取得價格優勢；並有利庫存管理。

5. 超級店長制

全球1,000位優衣褲店長

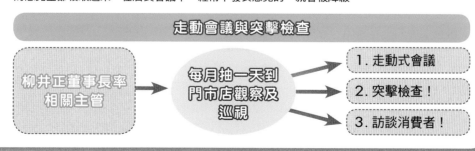

UNIQLO全球1,000位優秀店長

→ 衝出：全球好業績！

超級明星店長的年薪，比總公司部長還要高！

超級明星店長與明星店長的年薪，從1,000萬到3,000萬日圓，居同業業界之冠。總部對各店長一年考核四次，考核項目包括新商品企劃、銷售業績、對屬下培訓、其他。每週一SS及S店長參加營業會議，店長必須提出顧客意見、商品改進建議、賣場遇到問題、對手店的情報動態、店管理問題、外部環境變化問題等。UNIQLO公司一向認為第一現場的意見最重要，希望把顧客的意見全部吸取過來。在店長會議中，經常不發表意見的，就會被降級。

走動會議與突擊檢查

柳井正董事長率相關主管 → 每月抽一天到門市店觀察及巡視 →

1. 走動式會議

2. 突擊檢查！

3. 訪談消費者！

UNIQLO 之所以能成功，可以用一個簡單方程式說明，即商品力＋品質＋價格。

一、經營要靠實踐

開設新事業時，不太可能安全照計畫實行，邊做邊由小失敗修正，就不會有致命的大失敗。但是，如果只分析不實作，只是紙上談兵，就不會有進步。做生意就是要實踐；經營也是要實踐。一邊實踐，一邊思考，一邊改進。

二、柳井正個人成功之道

UNIQLO 的成功，柳井正正是扮演極大推手的角色。我們來探究他個人的成功之道有下列六點，一是早起的鳥；每天早上 7：30 就抵達辦公室的社長。二是愛讀書；從書中找到經營者應該怎麼做。三是讓自己成為「經營者」，讓全員成為「經營者」。四是不斷引導變革。五是大量採用中途轉業者，及有潛力擔任經營者的年輕人。六是抓住日本處高地的戰略位置，射入新射程範圍。

三、計畫未來，是為了活在未來

柳井正認為，如果不拚命努力，不可能一直維持現狀就能生存；如果不想未來自己要變成什麼樣，沒有這樣的意志，在將來是不可能存活的。柳井正做決策也很快，有時候，不到 5 秒。他常說：「朝令可以夕改」。柳井正最喜歡認真工作的員工，日文所謂「一生懸命」的人。

四、未來最擔心的事情──人才養成

柳井正最擔心事情是「人才養成」，特別是「經營者」能力養成的優秀人才。在 UNIQLO 公司內成立「經營新創中心」，與外部學者專家及內部合作成立，讓有潛力的員工，來這裡上課學習有關經營能力的課程。選擇經營者或接班人的條件，是能讓公司成長、賺錢的人。不做任何努力的人，運氣不會眷顧你的。有壓力，才會使人成長。

五、超級明星店長的薪水可能超過部長

能夠擔任到超級明星店長，一年可能有 3,000 萬日圓收入，超過總公司的部長，拿多拿少，全靠店長本事，要看門市店的業績額。

對 UNIQLO 而言，店長是公司的頭腦與營運主角而且是經營者。店長除了在銷售上衝刺外，另外，在經營管理方面也要多所學習與操練。店長們必須接受成長的壓力，不斷挑戰目標的快樂，大步向前，晉升為一個經營者，而不是一個店長而已。

優衣庫成功方程式 商品力 ＋ 品質 ＋ 價格

經營要靠實踐

實踐 ➡ 一邊實執 / 一邊思考 / 一邊改進 ➡ 最後，會成功！

幹部、店長成為「經營者」

幹部

店長

➡ 店長除了在銷售上衝刺外，另外，在培養人才、管理人才、帶領團隊、賣場陳列、檢視商品下單、分析銷售、策定每週計畫外，也要到附近看看競爭對手的狀況，以知己知彼。此外，還要清楚寫下本店的目標，並檢討現狀，發現問題點，尋求解決之道。

努力成為：「經營者」的視野與高度！

未來最擔心：人才養成

柳井正的擔心？ ➡ 人才養成？！（經營者人才難尋、難培養）

這個世界，一定要自己努力，不自己努力是不行的，別人不能教你的。
自己要不斷追求成長，不斷學習，大步向前。

計畫未來，是為了活在未來

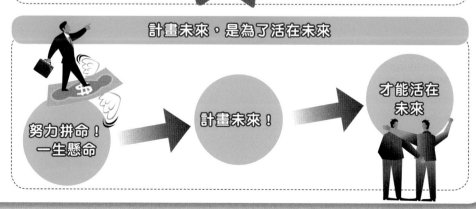

努力拼命！一生懸命 ➡ 計畫未來！ ➡ 才能活在未來

Date _____/_____/_____

第 8 章
王品集團

國內餐飲集團第一的王品及全球最大晶圓代工的台積電，之所以能有今天的局面，兩位董事長——戴勝益與張忠謀之經營與領導智慧，值得後輩效法。

一、王品集團戴勝益董事長

王品集團董事長戴勝益認為，CEO (執行長) 應該是思考者，而不是執行長。

(一) 什麼是好的 CEO 及其應思考之處：好的 CEO 是龍舟競賽的打鼓者，要決定方向及節奏，而不是奮力向前執行划水者。CEO 當然把自己定位在思考者，每週只出席一次高階主管會議。而且應花 90% 時間在思考，絕非執行者角色，因為通常做愈多，組織滅亡的速度愈快。CEO 或董事長，應該是鼓手，而不是划手。

(二) CEO 及董事長應該想什麼：CEO 應該想企業文化、公平正義、策略擬定、未來方向四件大事。而 CEO 及董事長應該苦思未來事業的布局、人才的布局調度、如何打敗競爭者、如何建立模仿障礙、如何延伸核心競爭力五件大事。

(三) 趨勢一直在變，要看多遠才夠：戴勝益指出，一般企業都有三年、一年、一季的計畫，但他把它拉到五年、十年及三十年之後。所有員工都知道王品三十年之後，要開一萬家店。大家才認為在這裡工作才會有前途。

(四) 董事長就是找對的人，來執行：戴勝益認為，董事長的最重要工作，只要找對的人，只要能鼓舞大家，並且充分尊重專業的人才。只有在他們方向偏差時，他才會去糾正他們。如果董事長管太細或任何事情都要管，那對門市店的管理指揮系統，都是一種破壞。

(五) 王品留才之道：王品每開一家分店投資，由該品牌總經理投資 20%、店長投資 10%、大廚投資 7%；這三者都是此店的股東之一，都享有年終賺錢股利分紅。此外，每月每店在收入扣除成本及費用後，如有賺錢，就先提 20% 當作績效獎金，分給每一個人，包括店員及工讀生。

(六) 日常靠 KPI 管理：王品對每一個店，都訂有 KPI 值（Key Performance Indicator, KPI），即關鍵績效管理指標。王品即是靠 KPI 數據及管理數據，公司才能生存下去。

二、台積電張忠謀董事長

台積電董事長張忠謀認為，任何企業的成功，是三者交集的結果，三缺一不可：一是環境，即條件成熟了；二是潮流，即市場需求；三是領導者，即英雄。

對於 CEO 應具備的要件，張忠謀認為要成為具有判斷力的思考者，才能看到環境與趨勢。在企業界，沒有所謂英雄造時勢，都是英雄 (領導者) 有遠見，看到時勢，找到對的環境，並且冒險及早布局，時機一成熟，就能成就一番新事業。而張忠謀洞悉環境與趨勢變化的能力來自哪裡？答案是來自「終身學習」。

CEO是思考者，不是執行者

| 王品
戴勝益
董事長 | → | 認為：
CEO及
董事長 | → | 是思考者 (Critical Thinker)！

而不是執行者！ |

CEO及董事長應苦思5件大事

董事長與CEO 應該做好5件大事

1. 未來事業的布局
2. 人才的布局調度
3. 如何打敗競爭者
4. 如何建立模仿障礙
5. 如何延伸核心競爭力

要看這些——30年

| 王品戴勝益
董事長 | → | 看一年、二年、
三年事業還不夠 | → | 還看到30年後的
願景目標！ |

開1萬家店！

找對的人，來執行

| CEO及董事長 | → | 最大任務？ | → | 找對的人，來執行！ |

留才之道

留才？

1. 入股！
每年分股利！

2. 每月立即
分利潤獎金！

靠KPI管理

王品的管理

1。 靠KPI管理

KPI有好幾十個，包括客訴指標、業績指標、獲利指標、滿意度指標……等。

2。 靠數據目標管理

公司不靠人治，而是法治，靠制度化而運行

213

國內第一大餐飲集團：王品的集體決策模式

王品之所以能成為國內第一大餐飲集團，乃在於其採用集體決策的經營管理模式。這個集體決策共有二十五人，採取集體討論不記名投票。而集體決策最大的好處，就是減少錯誤決策。

一、每週開一次「中常會」

王品的中常會每週五上午九點半召開，地點就在臺中王品總部的會議室，參與這場會議的二十五人，是王品集團的權力核心，包括戴勝益、十二個品牌的負責人，以及總公司的高階主管二十五人。

這場每週開一次的王品「中常會」，透過集體討論、不記名投票，做最後決策，戴勝益董事長形容這是「民主共治」的方式，他的提案也必須獲得中常會同意才能實施。「我的提案曾在中常會被全數否決，搞得滿臉豆花，其實公司最沒有權力的是我。」戴勝益半開玩笑地説。

二、由下往上的金字塔決策流程

戴勝益報告五月營收、目標達成率、抱怨與讚美電話總數，以及客訴前五名的品牌，接著他分享了幾個故事與人生體悟，並期許大家今年達成 20% 至 30% 的營收成長目標。

緊接著，就是各事業部與部門主管的報告，包括業績檢討、計畫或分享，並接受成員提問，報告完後，才進入提案討論，不記名投票表決，當天中常會有七、八個討論案，若案子遭否決，半年後可再討論。

王品各店由店長主持，一個月提一個建議案，再到七家店的區會去討論，有的被否決、有的往上送到二代精英會討論。二代精英會由四十四位區經理組成，由夏慕尼總經理楊秀慧領軍，一個月開會一次，加上王國雄，共四十六名成員。

每個月送到二代精英會的議題大概有五十個，楊秀慧先初步分類建議案與討論案，例如：送客人的餐具紀念品，要標明是哪個品牌送的，這屬於建議案，不必送中常會，就直接交由該品牌的主管負責執行。只有討論案才會在二代精英會討論決議後，再送到中常會討論。

三、集體決策能減少錯誤的決策

戴勝益認為，中常會集體決策的好處就是：「我們很少做錯決策，一人做決定總有盲點，要很多人同時看錯，機會比較少。」

中常會的集體決策模式等同「釋權」，領導者要做到下放權力，戴勝益認為授權、不干涉、以身作則是重要的三個原則。

王品集團的集體決策

王品集團由下往上的「金字塔」決策流程

中常會
由各品牌最高負責人及總公司高階主管參與，共計 25 人。每週一次的會議，將討論案付諸表決，成員也幾乎是公司主要股東。

二代精英會
共 46 人，由區經理組成，每月開會一次，詳細討論送交的討論案內容，付諸投票表決，並由夏慕尼總經理楊秀慧彙整，部分決議成為建議案，部分繼續列為討論案，送交中常會討論。

各區區經理及店長主廚會議
初步篩選各店建議，分為建議案及討論案。建議案直接進入所屬負責單位改進，討論案則送交二代精英會討論。

各分店會議
全臺 298 家店，每月必須由店長與主廚帶領討論，對公司提出至少一項建議。

王品集團的中常會決策模式

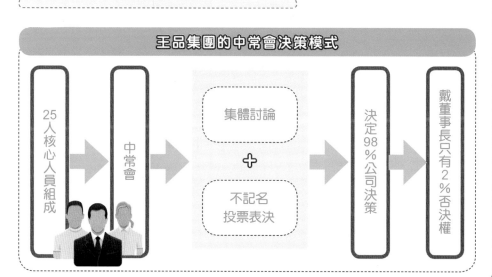

25人核心人員組成　➡　中常會　➡　集體討論　＋　不記名投票表決　➡　決定98％公司決策　➡　戴董事長只有2％否決權

王品集團旗下有 13,000 名員工，這麼多的員工應該如何管理，才能順暢？

一、建立 SOP 與 KPI 制度

王品集團旗下有 13,000 名員工，除了廣為外界熟知的「王品憲法」、「龜毛條款」外，這二十年來，已經建立了完整的 SOP(標準作業流程) 與 KPI (關鍵績效指標) 制度。

過去，傳統的餐飲業主廚最大，但王品一開始就走不一樣的路，戴勝益董事長心裡很清楚，要做連鎖就要建立 SOP。「我們當時做了很多業界破天荒的事，包括收回主廚採購權、改採店長制，甚至要求主廚公開配方，一一去建立 SOP。」王國雄副董事長回頭看，幸好當初堅持，王品才能壯大。

但王國雄也坦承：「當初真的因為不懂，被主廚罵到臭頭，他說：『你到底懂不懂，餐飲業哪有店長掛帥？最大一定是主廚啊！』」但總部不斷溝通說明，廚師也逐漸接受。

除了建立 45 本訓練手冊，王品員工 KPI 也有 100 多項，每人每月的薪水都是根據 KPI 計算，所以薪水不相同，這也牽涉到日後升遷、分紅。戴勝益說，幹部的信託認股，比率高低也由 KPI 決定，例如薪水 10 萬元，個人提撥 3%，就是 3,000 元，但若 KPI 高、表現好，公司提撥 13 倍，也就是 3.9 萬元，表現平平提撥 10 倍，最低的只有 7 倍。

以店長 KPI 為例，從各店營收、離職率、客訴率等八大指標，每個月都排名，同時還有累積排名，所以到了年底累積排名墊底的店長，就會「改敘」，就是降級成副店長，業績不好，超過一定時間就關店。

「王品規定上司對下屬講話不能壞口氣，因為 KPI 一清二楚，員工自己心裡有數，要上天堂還是下地獄，所以根本不需要去念他們。」戴勝益解釋，「公司的資訊公開透明，大家都有壓力，我們的紅蘿蔔與棍子都很大。」

二、「總帳、分列帳」管理原則

除了利用鉅細靡遺的 KPI 管理員工，戴勝益也有自己一套「總帳、分列帳」管理原則。

王品一年營業額 123 億元，每股賺超過 15 元，這就是戴勝益所謂的總帳；分列帳就是每個部門環節，都還存在很多問題，但只要總帳表現好，戴勝益就不在乎分列帳，交由王國雄去看。

戴勝益分享他的管理私房學：「除非成長率不如預期，我才會去細部看分列帳有沒有問題，這就是我對管理經營團隊的原則。」

王品是這樣考核店長的！

店長、主廚主要用這8項KPI考核

評比項目	評分比率
0800 抱怨電話通數	20%
顧客讚美	10%
不當金額(超出平均值的成本)	25%
營業額目標達成	10%
財務管理稽核	10%
食物安全稽核	10%
離職率	5%
工作計畫評核	10%

戴勝益董事長非常重視客訴！

處理客訴訂定一套SOP流程

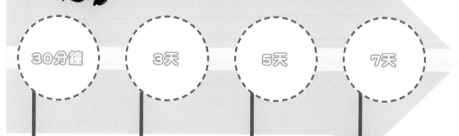

| 30分鐘 | 3天 | 5天 | 7天 |

店長依 SOC
處理完畢

總經理結案

通報店長、經理、
總經理、董事長

回報區經理

Date _____/_____/_____

第 9 章
個案分析

9-1　ZARA 贏在速度經營 I

　　來自西班牙的 ZARA 服飾品牌，在歐洲竄起後，正積極在全世界建立女性服飾店連鎖經營的事業版圖。

　　ZARA 成立於 1985 年，至今只不過短短二十五年營運歷史。目前，卻已在歐洲二十七個國家及世界五十五個國家，開了 25,000 家 ZARA 女性服飾連鎖店。2012 年度全球營收額達 50 億歐元 (約新臺幣 2,000 億元)，獲利額為 5.4 億歐元，獲利率達 9.7%，比美國第一大的服飾連鎖品牌 GAP (蓋普) 公司的 6.4% 還要出色。ZARA 公司目前已成為歐洲知名的女性服飾連鎖經營公司。

一、設計中心是公司心臟部門

　　位在 ZARA 總公司二樓的設計中心 (Design Center)，擁有 700 坪開放空間，集合了來自二十個國家 120 名不同種族的服裝設計師，平均年齡只有二十五歲。這群具有年輕人獨特創意與熱情的服裝設計師，經常出差到紐約、倫敦、巴黎、米蘭、東京等走在時代尖端的大都會，去第一線了解女性服飾及配件的最新流行與消費趨勢及走向。此外，他們也經常在公司總部透過全球電話會議，與世界六十個國家的總店長舉行全球即時連線的電話會議，每天或每週隨時的了解及掌握他們所設計商品的銷售狀況、顧客反應及當地的流行與需求發展趨勢等第一現場資訊情報。

　　ZARA 公司總經理曾表示：「每天掌握對全球各地區的女性服飾的流行感、深處其中的熱情，以及了解女性對美麗服裝的憧憬，而創造出 ZARA 獨特的商品特色。並以平實的價格，讓多數女性均能享受購買的樂趣，這是 ZARA 近幾年來，快速崛起的根本原因。」

二、快速經營取勝

　　ZARA 新服裝商品從設計、試作、生產到店面銷售的整套速度，平均只花三週，最快則在一週就會完成。ZARA 公司二樓的大型設計中心，產品經理 (Product Manager) 及設計師 100 多人，均在此無隔間的大辦公室內工作、聯絡及開會。舉凡服飾材料、縫製、試作品及完成品，所有設計師亦都在此立即溝通完成。

　　ZARA 目前在西班牙有九座自己的生產工廠，因此可以機動的掌握生產速度。一般來說，在設計師完成服飾造形設計之後，他們透過網路，將設計資料規格傳到工廠，經過紙型修正作業及試產之後，即可展開正式的生產作業。而世界各地商店的訂量需求，亦會審慎及合理的傳到 ZARA 工廠去，將各地未能銷售完的庫存量，降到最低。目前大約是 15 ～ 20%。這比其他服飾連鎖公司的 40% 已經低很多了。在物流配送方面，歐盟區二天可到各國；世界其他區則空運四天可到各國。

ZARA設計中心是公司心臟部門

設計中心

20 個國家，120 多名不同種族服裝設計師

1. 出差：紐約、倫敦、巴黎、東京、上海等尖端城市觀察流行趨勢

2. 經常與全球 60 個國家第一線總店長舉行連線電話會議

1. 了解服飾品銷售狀況
2. 了解顧客反應
3. 掌握第一線資訊

ZARA成功的3大關鍵因素

1. 了解消費者

成功3要素

3. 平實的價格

2. 創造獨特的商品特色

ZARA快速經營取勝

產品經理＋設計師群＝聯合辦公室 ➤ 同時工作、聯絡、開會討論、試製服裝

・新服飾從設計、試作、生產、到店面銷售，最快 1 週完成！

自己在西班牙有 9 座工廠！

・歐盟區：物流 2 天可到各國
・世界其他區：物流空運 4 天可到各國

在物流配送方面，ZARA在歐盟的法國、德國、義大利、西班牙等國，主要是以卡車運送為主，約占70%的市場銷售量，平均二天內(48小時)即可運達ZARA商店內。而剩下30%的市場銷售量，則以空運送到日本、美國、東歐等較遠的國家去。儘管空運成本比較高，但ZARA堅持不走低成本的海運物流，主要就是為了爭取上市的流行期間。ZARA總經理表示，他們是世界服裝業物流成本最高的公司，但他認為這是值得的。

9-2 ZARA 贏在速度經營 II

　　ZARA 公司的經營哲學，就是每週在各店一定要有新服裝商品上市，其商品上、下架的「替換率」非常快。

三、品缺不是過失

　　ZARA 每件商品經常在各店只放置 5 件，是屬於多品種少量的經營模式。在西班牙巴塞隆納的 ZARA 商店內，經常被顧客問到：「上週擺的那件外套，沒有了嗎？」ZARA 公司的經營哲學是：「每週要經常有新商品上市，才會吸引忠誠顧客的再次購買。」雖然某些暢銷好賣的服飾品會做一些追加生產，但這並不符合 ZARA 公司的經營常態。因此，即便是好賣而缺貨，ZARA 亦不改其經營原則而大量增加同一款式的生產及店面銷售。因此，ZARA 總經理表示：「品缺不是過失，也不是罪惡，我們的經營原則，本來就堅守在多樣少量的大原則下。因為，我們要每週不斷開創出更多、更新、更好、更流行與更不一樣的新款式出來。」

四、有計畫的行事

　　ZARA 公司每年一月分時，就開始評估、分析及規劃六個月後春天及夏天的服裝流行趨勢。而七月分時，就思考著秋天及冬天的服裝需求。然後，在此大架構及大方向下，制定他們每月及每週的計畫作業。通常在該季節來臨的前二個月即已開始，但生產量僅占 20%，等正式邁入當季，生產量才占 80%。此外，亦會隨著流行變化，每週機動改變款式設計，少量增產或對暢銷品進行例外追加生產。

五、ZARA 經營成功特點

　　歸結來看，ZARA 公司總經理提出該公司近幾年來，能夠經營成功的四個特點：一是 120 多名的龐大服飾設計人員，每年平均設計出 1 萬件新款服裝。二是 ZARA 公司本身即擁有九座成衣工廠，從新款式企劃到生產出廠，最快可以在一週 (七天) 內完成。三是 ZARA 公司的物流管理要求達到超市的生鮮食品標準，在全世界各國的 ZARA 商品，務必在三天內到達各店。四是 ZARA 公司要求每隔三週，店內所有商品，一定要全部換新，不能讓同款的服飾商品，擺放在店內三週以上。

　　在全球擁有 25,000 多家店的 ZARA 已悄然飛躍升起，成為世界知名的服飾連鎖品牌公司。ZARA 這種生產製造完全是靠自己的工廠，並不委託落後國家來代工生產經營模式，是與美國 GAP 等知名品牌不同的地方。

　　如今，在超成熟消費市場中，ZARA 公司以強調超速度、多樣少量，以及製販一體統合的效率化經營，終於嶄露頭角，立足歐洲，放眼全球，而終於成為全球服飾成衣製造大廠及大型連鎖店經營公司的卓越代表。

有計畫的行事

大方向確定

每年1月	評估、分析及規劃 6 個月後春夏服裝流行趨勢
每年7月	評估、分析及規劃 6 個月後秋冬服裝流行趨勢

制定每個月及每週的計畫作業

隨著流行的變化，每週機動改變款式設計

ZARA經營成功4特點

1.120多名龐大服飾設計師，每年平均設計出1萬件新款服裝

2.本身擁有9座工廠，從設計到出廠，最快1週完成

3.物流速度要求3天到世界各大都市

不論在紐約、巴黎、倫敦、米蘭、東京(銀座、六本木等地區，最近也開了12家)、上海、倫敦，還是臺北。

4.每隔3週，店內部分商品要全部換新

換言之，三週後，一定要換另一批新款式的服裝上架。

ZARA效率化經營

ZARA
效率化經營

1. 超速度

2. 多樣少量

3. 產銷合一

世界第一大製造業——GE 領導人才育成術 I

年營收額達 1,300 億美元，全球員工高達 31 萬人，事業範疇橫跨飛機發電機、金融、媒體、汽車、精密醫療器材、塑化、工業、照明及國防工業等巨大複合式企業集團的奇異 (GE) 公司，多年來的經營績效、領導才能及企業文化，均受到相當的推崇，大家都好奇如何才能使世界第一大製造業的名聲，能夠長期維繫成功於不墜。

一、GE 全球人才育成四階段

GE 公司全球人才育成制度，大致可以區分為下列四階段，這四階段可說是有計畫的、循序漸近的、全球各國公司一體通用的，而且是全球化人力資源的宏觀培訓人才制度。

(一) **基層幹部儲備培訓**：第一階段主要是針對新進基層人員，進行為期二年的工作績效考核計畫。以每六個月為一個循環，由被選拔出來的基層人員，自己訂出這六個月要做的某一項主題目標，然後再看六個月後是否完成此一主題目標。依此循環，二年內要完成四次的主題目標研究，其中一次，必須在海外國家完成，大部分人選擇到美國 GE 總公司去。此階段培訓計畫稱為 CLP (Commercial Leadership Program)，每年從全球各公司中，選拔出 2,000 人接受此計畫，由各國公司負責執行。

(二) **中階幹部儲備培訓**：第二階段稱為 MDC 計畫 (Manager Development Course)，即中階幹部經理人發展培訓課程計畫。每年從全球各公司的基層幹部中，挑選 500 人出來作為未來晉升為中階幹部的培訓計畫。培訓內容以財務、經營策略等共通的重要知識為主。

(三) **高階幹部儲備培訓**：第三階段稱為 BMC 計畫 (Business Management Course)，即高階幹部事業經營課程培訓計畫。每年從全球各公司的中階幹部中，選拔 150 人出來作為未來晉升為高階幹部的培訓作業。這 150 人可說是能力極強的各國精英。

(四) **最高幹部儲備培訓**：第四階段稱為 EDC 計畫 (Executive Development Course)，即高階幹部戰略執行發展培訓計畫。每年從各國公司中，僅僅選拔出 35 人，作為未來各國公司最高負責人或是亞洲、歐洲、美洲等地區最高負責人之精英中的精英之培訓計畫。

二、BMC 研修課程案例

GE 培訓各國公司副總經理級以上的高階主管所進行的儲備幹部研修課程，每年舉行三次，在不同的國家舉行。

GE：全球領導人才育成4階段

這四階段可說是有計畫的、循序漸近的、全球各國公司一體通用的，而且是全球化人力資源的宏觀培訓人才制度。

35人
（最高幹部）

150人
（高階幹部）

500人
（中階幹部）

選拔

選拔

2,000人
（基層幹部）

第4階段：EDC
每年全球選拔 35 人培訓，作為各國最高幹部儲備人選。受訓內容與 BMC 相同。

第3階段：BMC
每年全球選拔 150 人培訓，作為各國高階幹部儲備人選。受訓內容以實際的經營問題與解決對策為主。採分組研修。

第2階段：MDC
每年全球選拔 500 人培訓，作為各國中階幹部儲備人選。受訓內容以財務、策略、資訊、營業等各種專長功能為主。

每年以工作績效及 GE 價值觀兩項為主軸，展開人事考核，選拔出優秀儲備人才。

第1階段：CLP
每年全球選拔 2,000 人，作為各國基層幹部儲備人選，受訓內容以個人自訂主題，每 6 個月 1 期，計 2 年 4 期，每 1 期考核 自訂目標 完成的成果。

這一些主題目標，可以是與自己工作相關或不完全相關。大部分仍是以基層的功能專長為導向，例如，財務、資訊情報、營業、人事、顧客提案、商品行銷、通路結構等為主。

世界第一大製造業──GE領導人才育成術 II

GE之所以能夠成為全球第一大製造公司，足見其領導人才育成術之有效。

二、BMC研修課程案例 (續)

2013年最後一次的BMC研修課程，即選在日本東京舉行。此次儲備計畫，計有全球51位獲選出席參加，為期二週。行程可說非常緊湊，不僅是被動上課，而且還有GE美國公司總裁親自出席，下達這次研修課程的主題為何，然後進行六個小組的分組，由各小組展開資料蒐集、顧客緊急拜訪及簡報撰寫與討論等過程，最後還要轉赴美國GE公司，向30位總公司高階經營團隊做最後完整的主題簡報，並接受答詢。最後由GE總公司總裁傑佛瑞‧伊梅特做裁示與評論。

三、GE領導人才培訓的特色

GE公司極為重視各階層幹部領導人才的培訓計畫，該培訓之特色，大致可歸納以下六點，一是GE公司每年都花費10億美元，在全球人才育成計畫上，可稱得上是世界第一投資經費在人才養成的跨國公司。二是GE公司高階以上領導幹部培訓計畫，大都採取現今所面臨的經營與管理上的實際問題，以及解決對策、提案等為培訓主軸，是一種「行動訓練」(Action Learning) 導向。三是GE公司在培訓過程中，經常採取跨國各公司人才混合編組。亦即，不區分哪一國、性別為何或專長為何，必須混合編成一組。其目的是為了培養每一名幹部的跨國團隊 (Team)、經營能力與合作溝通能力，而且更能客觀來看待提案簡報內容。例如，某次的BMC培訓計畫，即有日本某位金融財務專長的幹部，被配屬在「最先進尖端技術動向」這一組中，希望以財務金融觀點來看待科技議題。四是GE公司在一開始的基層幹部選拔人才中，最重視的考核項目有二，一是「工作績效表現」，二是「GE價值觀的實踐」。五是GE公司的培訓計畫，係以向極限挑戰，讓各國人才潛能得以完全發揮。六是GE公司希望從每一次各國的研修主題中，產生出GE公司的全球化經營戰略與各國地區化經營戰術。

四、結語：培育人才，是領導者的首要之務

GE公司總裁伊梅特語重心長的表示：「GE全球31萬名員工中，不乏臥虎藏龍的優秀人才，但重要的是，必須有系統、有計畫的引導出來，然後給予適當的四大階段育才培訓計畫，就可以培養出各國公司優秀卓越的領導人才。然後GE全球化成長發展，就可以生生不息。」

發掘人才，育成領導人才，GE成為全球第一大製造公司，正是一個最成功的典範實例。

GE研修課程案例

11/4

51位受訓幹部在東京六本木GE日本總公司集合,由美國GE總裁傑佛瑞・伊梅特揭示此次研修主題——日本市場的成長戰略及作法,以及將51位予以分成6個小組,並確定各小組的研究主題。

11/5～11/7

邀請日本東芝等大公司及大商社高階主管來演講

11/8

赴京都、奈良、箱根觀光

11/10

工廠見習

11/11～11/14

各分組展開訪問顧客企業、蒐集資料情報及小組內部討論。

11/15

各分組撰寫提案計畫內容

11/16

週日休息

11/17～11/19

各分組持續撰寫提案及討論

11/20～11/21

各分組向GE日本公司各相關主題最高主管,進行第1階段的提案簡報發表大會、互動討論及修正。

11/23～11/30

51人先回到各國去

12/1～12/2

51人再赴美國紐約州GE公司研修中心,各小組先向GE亞太區總裁做第2階段提案簡報發表大會及修正。

12/3

正式向GE美國總公司總裁及30人高階團隊做提案發表大會,並由傑佛瑞總裁裁示。

GE領導人才培訓6特色

| 1. 大筆投資人才育成 | 2. 以「行動訓練」培訓高階幹部 | 3. 跨國混合編組培訓 | 4. 選拔人才考核工作績效與GE價值觀之實踐 | 5. 以極限挑戰為培訓主軸 | 6. 從研修中培訓出全球化經營戰略與各國地區化經營戰術 |

致勝是什麼？全球第一大製造業 GE 公司前 CEO 威爾許說：「Success is all about growing others.」致勝就是培養其他人，讓其他人跟你一起成長。

一、人是最重要的，也是策略第一步

威爾許有非常豐富的實務經驗，他認為企業最重要的是人，只要人找對了，放在對的位置上，大概就成功90%，剩下要做的，就是留住最好的人。而找對人，用對人，也是策略的第一步；人對了，策略就會對！

二、領導者 5 要件

威爾許認為，一個好的領導者應該具有五要件，即 4E 與 1P，才能領導企業向前邁進：

三、應變才能致勝

威爾許認為，變革是企業經營極其重要的一部分；你的確需要變革，而且最好在非變不可之前就變！

四、領導三個步驟

領導有其一定步驟，威爾許認為有下列三個步驟可進行，一是確定短、中、長期目標與預算；二是激勵員工 (獎勵與鼓舞)；三是建立最佳團隊 (人才團隊)。
然後，促使他們達成此一目標。

五、公司如何長存？

提到公司要如何經營管理才能長存？威爾許認為，公司必須提供比競爭對手更好的「有價值問題解決方案」給重要大型客戶。只有客戶滿意了，公司才能長久存在。所以，公司及領導者要不斷創造出有用的新價值出來才行。

致勝是什麼？

全球第一大
製造業GE公司 ➡️ 致勝之道：
培養其他人，讓其他人，跟 CEO 執行長
一起成長！

人，是策略第一步

| 人對了！ | 策略就會對！ |
| 人才是最重要的！ | 要放在對的位置上！ |

應變才能致勝

變革力　　　　　　　　　　　　應變力

企業必勝！

領導3步驟

1.確立短、中、長期目標與預算

⬇️

2.激勵、獎勵員工

⬇️

3.建立人才團隊

面對變化的環境要如何因應？日本 7-11 董事長鈴木敏文認為，經營原點就在於徹底實施基本工作，即如何站在顧客立場思考的理念，落實在第一線管理上。

一、董事長每日主持試吃大會

鈴木敏文董事長每週一到週五，一定在公司會議室舉行試吃大會；試吃大會已三十五年沒停止。董事長試吃大會給每一個開發商品的員工帶來壓力，並且都戰戰兢兢，不能出錯，也不能降低要求的標準。鈴木敏文堅持對品質不能妥協，一旦妥協，進步就停止了，一切都結束了。

二、董事長經營四課程

(一) 我不分析過去的成功：經驗雖可學習，但也有束縛人的一面，在現代是成是敗，取決於精準掌握變化到什麼程度。永遠一發現變化，馬上調整作法，甚至不惜調整整個組織面貌來適應。我不分析過去的成功經驗，我只看現在的變化，隨時鍛鍊自己。很多企業為什麼會失敗？那是因為看不到外面的狀況；只有能真正看透變化，可以對應顧客需求的企業，才能存活下去。就我來說，我不會用過去的標準來看，我只用「現在的社會，現在的變化，應該要怎麼辦？」這樣的看法去挑戰。人都有兩種思考模式，一種是思考「過去都是怎麼做的」；另一種則是對未來有一個藍圖，然後思考「現在想要這麼做」，我大概是後者。

(二) 朝令夕改學：過去要是有人推翻自己的前言，會被說是沒有判斷力；現在，環境一變，如果不趕快改就會被淘汰。在這個變化的時代，不如先鍛鍊隨時都能夠因應變化的企業體質。經營原點在徹底實踐基本的工作，只有做好基本工作，才可能因應變化。日本 7-11 集團一向以「因應變化」為公司口號，只有不斷變化的顧客需求，才是我們真正的競爭對手。如果能把隨時變化的顧客需求，視為競爭對手，競爭就不會有結束的一天。因為「顧客」是所有信念的最根本。

(三) 不當組織內的乖小孩：只要是對的事，就必須堅持到底，即使是周遭的人反對，不管什麼職位，都必須勇敢主張自己的意見。大家認為不行的地方，才有機會及價值。上司應扮演部屬的指導老師。一句話就是掌握這個時代的本質，換言之，就是要「掌握變化」，不要怪罪不景氣！要觀察社會結構改變，不斷發展新產品。所有企業持續改善，最重要的起點，都是「顧客觀點」。在面對少子化、高齡化，全球經濟景氣不振的變動時代中，每天都是決勝關鍵。重點是如何隨著變化改變；還有，我們能不能真的回應顧客的需求。抓住消費者，就抓住勝算。

(四) 都在談顧客需求：日本 7-11 總公司服務臺的標語是「因應變化」；「顧客」與「顧客需求」是最核心的本質觀念；沒有最終的答案，但永遠有最好的答案。

經營原點：徹底實施基本工作

面對變化 ➡ 回到基本原點 ➡ 要徹底實施基本工作

日本7-11董事長經營4課程

1.　我不分析過去的成功！

我個人一直都是每天認真過每天的生活，抓住眼前每一個機會，想辦法一一將它們實現而已。

2.　朝令夕改是對的！

3.　不要當組織內乖小孩！

上司應該要扮演指導的老師，用教導方式去教導部屬，而不是監督的警察。

4.　一定要多談顧客需求！

最核心本質觀念：顧客

企業經營最核心本質 ＞ 顧客 ＋ 顧客需求

統一超商如何挖掘出消費者的需求

挖掘消費者需求

1. 強大的 POS 系統（即時銷售情報系統）

2. 經常走訪海外，如日本、美國、歐洲、韓國、大陸等觀察他們的最新發展趨勢，推測臺灣的未來。

3. 各單位人員主動用心→用心，就能找到用力之處。

豐田汽車：人才資本決勝關鍵

日本豐田汽車 (TOYOTA) 現任最高顧問指出：「企業盛衰，決定於人才」。人才資本的概念與重要性，早已受到各大企業的重視。

一、設立豐田學院

豐田汽車公司是世界第一大汽車廠，在全球各地僱用的員工人數已超過 25 萬人，全球海外子公司也超過 100 家公司。該公司設立一個非常有名的幹部育成中心，稱為「豐田學院」，由該公司全球人事部人才開發處負責規劃與執行。

豐田汽車公司針對各種不同等級幹部，推出一系列的 EDP (Executive Development Program) 計畫，係針對未來晉升為各部門領導者的育成研修課程。豐田學院的經營，擁有以下兩項特色，一是培訓課程內容，均必須與公司實際業務具有相關性，是一種實踐性課程。二是公司幾位最高經營主管，均會深入參與，親自授課。

二、豐田培訓課程的內容

以最近一期為例，儲備為副社長級的事業本部部長幹部的培訓計畫課程中，即安排張富士夫社長及六名副社長、常務董事及外國子公司社長等親自授課。授課內容包括豐田的全球化、經營策略、生產方式、技術研發、國內行銷、北美銷售、經營績效分析、公司治理等。另外也聘請大學教授及大公司幹部前來授課。

最近一期豐田高階主管研習班，計有二十位成員，區分為每五人一組，每一組除了上課之外，還必須針對豐田公司的經營問題及解決對策，撰寫詳細的報告。最後一天的課程，還安排每一小組，向張富士夫社長及經營決策委員會副社長級以上最高主管群做簡報，並接受詢問及回答。每一組安排二小時時間，這是一場最重要的簡報，若通過了，才可以結束研修課程。每一小組的成員，包括來自日本國內及國外子公司的幹部，並依其功能別加以分組。例如，有行銷業務組、生產組、海外市場組、技術開發組等。

張富士夫社長表示：「人才育成，是百年計畫，每年都要持續做下去，而現有公司副社長以上的最高經營團隊，亦必須負起培育下一個世代幹部的重責大任。」

三、人才育成的責任是誰？

針對人才議題，張富士夫曾語重心長的下過一個結論：「人才育成，是公司董事長及總經理必須負起的首要責任。因為，人才資本的厚實壯大與否，將會影響公司經營的成敗。而豐田汽車今天能躍居世界第一大汽車廠的最大關鍵，是因為它在全球各地區都能擁有非常優秀、進步與團結的豐田人才團隊。因此，有豐田的人才，才有豐田的成功。」

豐田：人才資本，決勝關鍵

日本豐田汽車創辦人 ➡ 企業盛衰，決定於人才！

➡ 人才資本，決勝經營！

豐田汽車：設立豐田學院

豐田學院2大特色 ➡ 1. 培訓課程內容，均須與實務性相關，是一種實踐性課程。

2. 公司高階主管均須參與親自授課。

豐田培訓課程8大內容

1.豐田的全球化

8.經營績效分析

2.經營策略

7.公司治理 ← 培訓課程 → 3.生產方式

6.全球行銷

4.技術研發

5.國內行銷

選拔、研修、歷練、考核四位一體

對於公司各世代高階人才的養成，必須有系統、有計畫，以及有專責單位去規劃及推動，而公司董事長及總經理的親自參與及重視，則更為必要。對公司接班人才的育成，必須包括下列四項重要工作：1. 每年一個梯次選拔有潛力的人才；2. 施以定期的擴大知識與專長的研修課程；3. 在不同的工作階段中，賦予重要單位、職務或專案的工作實戰歷練；4. 考核他們的表現績效成果，看看是否是值得納入長期培養及晉升的對象候選人。

Date _____/_____/_____

第 **3** 篇　經營管理實務

第 1 章
實用管理工具、技能與觀念

身為主管領導與管理應有的分析管理工具、技能與觀念 I

身為主管在領導與管理企業時，本身必須具備五十一個分析管理工具、技能與觀念。由於本主題內容十分豐富，特分七單元介紹。

一、SWOT 分析 (檢視內外部環境變化)

分析本公司的強項 (優勢)、弱項 (弱勢)，以及面對外部環境變化趨勢的商機與威脅。

二、競品分析 (競爭者品牌分析)

分析市場上主力競爭品牌或競爭公司的行銷、生產、銷售、品質、產品線、訂價、通路、推廣及財務、損益等之比較分析。

三、外部環境管理分析

分析國內外政治、經濟、貿易、國民所得、就業／失業、科技、社會、文化、人口結構、消費習性、購買力、產業結構、環保、競爭者、供應商、通路商、法令及產業政策等之變化與趨勢走向。

四、營運 (銷售) 管理分析 (每週／每月／每季／每年)

營運 (銷售) 管理分析，包括：1. 實際與預算目標的達成率比較分析；2. 實際與去年同期消長比較分析；3. 實際與競爭同業比較分析；4. 實際與整體產業消長比較分析。

五、損益表管理分析 (每月／每季／每年)

損益表管理分析項目如下：1. 營收額消長 (成長或衰退)；2. 營業成本 (成本率)；3. 營業毛利 (毛利率)；4. 營業費用 (費用率)；5. 營業損益 (淨利或虧損)；6. 實際與預算目標的比較分析。

六、BU 管理分析 (每月／每年)

BU(Business Unit)「單位獨立責任利潤中心」的經營損益分析，包括各分公司、各店別、各館別、各產品別、各事業部、各品牌別、各單位別等。

七、KPI 指標管理分析 (每月／每年)

KPI(Key Performance Indicator，關鍵績效指標)，由各單位、各部門提出考核他們績效的重要指標。

SWOT分析

分析本公司的強項（優勢）、弱項（弱勢），以及面對外部環境變化趨勢的商機與威脅。

(Strengths) 強項

(Weaknesses) 弱項

(Opportunities) 機會

(Threats) 威脅

SWOT分析

分析市場上主力競爭對手的品牌或公司各種經營面向的強弱與優劣。

味全
林鳳營鮮奶

統一
瑞穗鮮奶

競品分析

光泉鮮奶

福樂
北海道鮮奶

外部環境
管理分析　　例如：美國、歐洲、中國大陸、日本等四大國的經濟變化，都會影響到臺灣。

各單位提出KPI
指標管理分析　　包括門市店、業務部（營業部）、生產部（製造部）、研發部 (R&D)、產品開發部、產品設計部、行銷企劃部、物流倉儲部、人資部、採購部、管理部、資訊部等。

八、績效管理 (每週／每月／每年)

績效管理 (Performance Management) 係針對 KPI、預算目標、銷售目標、製造目標等,考核是否達成預計目標數據,並加以考核及獎懲。

九、成本控制、成本下降管理分析

針對製造成本 Cost-down (下降) 之管理,包括原物料成本、零組件成本、進貨成本、人工成本,以及製造費用等三大項目加以下降。另外,針對營業費用 (管銷費用) 之下降,包括總公司、各營業據點及幕僚人員之人數精簡下降或遇缺不補,以及辦公室租屋、廣宣費用、加班費、交際公關費、水電費、電話費、文具費、雜費等之精簡。

十、開源與節流管理分析

開源分析包括開發新市場、開發新產品、改良產品、深耕既有市場、海外市場開發、區隔市場、投入新事業單位、轉投資等。另外,節流部分如上文所述。

十一、影響一個產業／公司獲利五力架構分析 (波特教授)

分析一個產業或公司之所以能夠獲利及獲利程度的五個力量,包括 1. 既有競爭者狀況;2. 潛在未來新進入者狀況;3. 與下游客戶關係程度;4. 與上游供應商關係程度;5. 未來替代品狀況。

十二、公司的三種基本競爭策略分析 (波特教授)

公司只有分析並達成下列三種策略,競爭才會贏,包括採取低成本領先策略 (成本比別人低)、差異化策略 (特色化、獨特性、Differential)、專注經營 (Focus)。

十三、樹狀圖分析法 (分析原因或解決對策)

十四、魚骨圖分析法

十五、P-D-C-A 管理循環法

每一位主管針對組織單位的領導與管理,都要時刻記住 P-D-C-A。所謂 P-D-C-A 即指 P：Plan (計畫、企劃)；D：Do (執行力)；C：Check (考核、追辦、追蹤進度)；A：Action (再行動、再調整)。

十六、O-S-P-D-C-A

十七、問題解決四步驟法

1. 問題是什麼 (Question) → 2. 問題造成的原因分析 (Reason Why) → 3. 解決的因應對策及方案為何 (Answer) → 4. 查看是否已解決 OK (Result)

十八、企業價值鏈分析法 (波特教授)

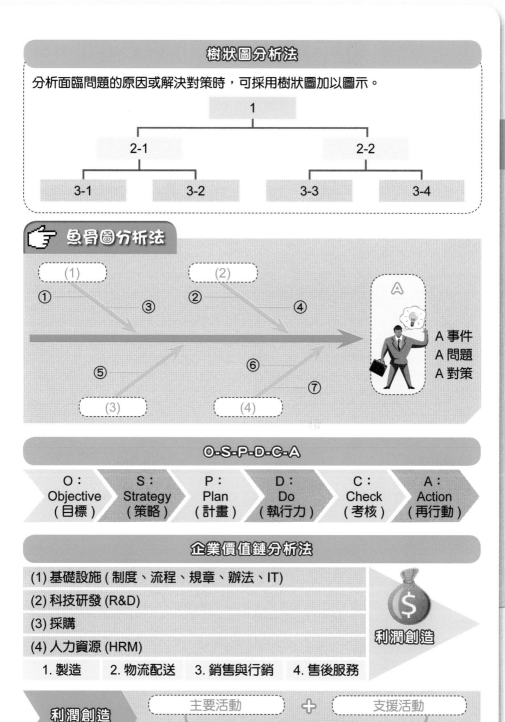

樹狀圖分析法

分析面臨問題的原因或解決對策時，可採用樹狀圖加以圖示。

```
                    1
        ┌───────────┴───────────┐
       2-1                     2-2
    ┌───┴───┐             ┌─────┴─────┐
   3-1     3-2           3-3         3-4
```

👉 魚骨圖分析法

```
    (1)            (2)
 ①        ③    ②        ④
                                    A
 ─────────────────────────────►
                                  A 事件
 ⑤              ⑥                 A 問題
         (3)       ⑦  (4)        A 對策
```

O-S-P-D-C-A

O : Objective （目標）	S : Strategy （策略）	P : Plan （計畫）	D : Do （執行力）	C : Check （考核）	A : Action （再行動）

企業價值鏈分析法

(1) 基礎設施 (制度、流程、規章、辦法、IT)

(2) 科技研發 (R&D)

(3) 採購

(4) 人力資源 (HRM)

1. 製造	2. 物流配送	3. 銷售與行銷	4. 售後服務

利潤創造

利潤創造　　主要活動　➕　支援活動

配合良好，不斷創新

十九、競爭優勢與核心能力 (核心競爭力) 法

企業必須擁有相對的或絕對的競爭優勢與核心能力，才會從激烈競爭環境中勝出，包括 1. 競爭優勢 (Competitive Advantage)；2. 持續競爭優勢 (Sustainable Competitive Advantage)；3. 核心能力、核心競爭力 (Core-Competence)。

二十、P-D-F 管理分析法

王品餐飲集團戴勝益董事長分析王品會勝出，是堅持下列原則：1.P：Positioning，即客觀性定位，則定位精準成功；2.D：Differential，即具有差異化特色；3.F：Focus，即專注經營本業，不跨行。

二十一、行銷組合 4P / 1S 分析法

行銷要致勝，必須同步、同時做好行銷 4P / 1S 的組合策略，即 1.Product：產品策略；2.Price：訂價策略；3.Place：通路策略；4.Promotion：推廣策略 (廣宣公關策略)；5.Service：服務策略。

二十二、市調數據分析法

為獲取消費者或會員的各種滿意度或潛在需求或看法等，透過市調蒐集第一手資料情報，才能做決策。市調數據分析法包括定量 (量化) 市調法、定性 (質化) 市調法兩種。

二十三、國外先進國家、先進公司、大型展覽會參觀、訪問法

藉由出國參展、出國考察，以利掌握國外先進國家與市場的最真實發展，以作為借鏡。

二十四、蒐集具公信力機構的次級資料法

上網蒐集或購買政府或專業研究機構的各種研究報告及數據資料，作為分析數據之用。

二十五、數據管理法

要做決策就要有充分的科學化數據做支撐才可以。數據來源包括：1. 各種次級資料來源 (上網查詢)；2. 各種市調原始資料來源；3.POS 系統資料來源 (Point of Sales, POS，銷售據點的即時資訊情報資料)；4. 探詢競爭對手資料來源；5. 公司內部各種財會報表、營業報表及經營分析報表等。

P-D-F管理分析法

王品餐飲集團在餐飲界勝出，主要是堅持下列原則：

P	Positioning（客觀性定位），（定位精準成功）
D	Differential（具有差異化特色）
F	Focus（專注經營本業，不跨行）

行銷組合 4P／1S分析法

4P
- 1.Product：產品策略
- 2.Price：訂價策略
- 3.Place：通路策略
- 4.Promotion：推廣策略

1S
- 1.Service：服務策略

市調數據分析法

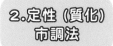

1.定量（量化）市調法　→　包括電話訪問、網路填寫、街訪、家訪、店訪之大樣本問卷答覆。

2.定性（質化）市調法　→　包括 FGI／FGD（Focus Group Interview）焦點團體座談會或一對一深度專家訪談。

二十六、賽局理論分析法 (Game Theory)

賽局理論分析法，即是在做任何決策前，總要先想到主力競爭對手現在怎麼樣？未來會如何？我們要怎麼做？對手會如何反應？我們第二步、第三步又該如何因應？再來才思考與競爭對手可以採取既競爭又合作的策略 (即競合策略)。

二十七、做事思考的 6W ／ 3H ／ 1E 分析

做事思考的 6W ／ 3H ／ 1E 分析是什麼呢？簡單來說，就是 6W：What (做什麼)、Why (為什麼如此)、Who (誰去做)、Whom (對誰做)、Where (在何處做)、When (何時做、何時完成)；3H：How to do (如何做)、How Much (花多少錢)、How Long (做多久)，以及 1E：Effectiveness (效益如何)。

二十八、成本／效益分析法

凡事做之前，要先想想做此事的成本 (Cost) 與效益 (Effect) 的比較如何。當效益大於成本就值得做；反之，則不能做。

二十九、有形／無形效益分析

有形效益即具有明確數字的，可以算出來的；無形效益則不易算出來的，但也算效益評估的一種。

三十、Priority 分析法

企業面對內外部環境變化與因應對策，必須考量事情的優先順序 (Priority)；凡是影響重大的、迫切的、必須馬上解決的，就列為優先處理事項。

三十一、戰略與戰術區分分析法

經營企業面對領導與管理時，必須區分這是戰略觀點或是戰術觀點。

(一) **戰略觀點**：要看的高、看的遠、看的廣、看的深，看的是長期影響及大格局。

(二) **戰術觀點**：看的短些、看的窄些、看的淺些，看的是短期影響與較小格局。

三十二、目標管理法 (MBO)

MBO (Management by Objective)，即是指公司、事業部、各部門、各單位、各業務人員都必須設立各自應達成的目標數據，然後依照考核追蹤，是否如期達成目標數據。凡事要先訂定目標，然後才易於管理。

賽局理論分析法

① 首先在做任何決策前，總想到主力競爭對手目前如何？未來會如何？應如何應對？對手會如何反應？第二步、第三步又該如何因應？

② 競合策略——即與競爭對手可以採取既競爭又合作的方式。

做事思考的 6W ／ 3H ／ 1E 分析

6W

- 1.What（做什麼）
- 2.Why（為何如此）
- 3.Who（誰去做）
- 4.Whom（對誰做）
- 5.Where（在何處做）
- 6.When（何時做、何時完成）

3H

- 1.How to do（如何做）
- 2.How Much（花多少錢）
- 3.How Long（做多久）

1E

- 1.Effectiveness（效益如何）

賽局理論

賽局理論又稱「博奕理論」(Game Theory) 或「互動決策理論」，是一種策略思考，即一群決策者在做決策時，對所面臨的問題與戰略行為，所進行的一套有系統且強有力的分析工具方法。賽局理論提供了一套系統設定的數理分析方法，讓決策者在謀求利害衝突下做最適當的因應策略，透過策略推估，尋求自己的最大勝算或利益，進而在競爭環境中求生存。

245

三十三、市場法則與邏輯分析

所謂市場法則就是通常在市場同業或異業，他們是怎麼作法？為何要如此作法？他們的成功，一定有其合理性 (Make-sense) 與共識性存在，不能違背這種市場法則。

而所謂邏輯分析 (Logical)，就是看待事情、詢問事情、思考與分析問題，必須合乎邏輯性，若不合乎邏輯性，可能就不是正確的解決之道。

三十四、Show me the money（要賺錢、能賺錢）

任何一位老闆重視的各種分析報告、企劃報告、檢討報告及創新報告，重要的是他們背後一定要帶有「Show me the money」，才是一份好的報告。

三十五、團隊決策討論法

所謂團隊決策討論法 (Group Decision-making)，即是指現在的任何決策，大部分已是團隊討論之後的決策；團隊成員有其不同的歷練、專長、觀點與立場，故統合團隊成員的討論、意見與智慧。優質的人才團隊，將是一個比較妥善周延與正確的決策。

三十六、優質人才團隊

企業經營成功與致勝的最根本核心本質，就在於「要有優質的人才團隊」。

這個優質的人才團隊，包括優質的研發、設計、採購、製造、品管、倉儲、物流、銷售業務、行銷企劃、財務會計、人資、總務、法務、客服中心、售後服務、稽核、資訊、商品、經營分析、經營企劃等。

所以，公司會經營不善、虧損或成不了大公司，除了老闆因素之外，就是缺乏一個優質的人才團隊。

三十七、關鍵成功因素分析

KSF (Key Success Factor) 是指經營任何企業或行業，一定會有其關鍵成功因素。若能從 KSF 下手分析，就可以知道公司應該如何做才會成功。公司要勝出，就一定要努力打造及強化這些 KSF。

三十八、多重方案比較：分析及選擇 (Alternative Plan)

遇到重大決策問題，應該要以不同的角度、不同的觀點、不同的條件，提出多重方案（甲案、乙案、丙案），作為比較分析及最後的抉擇。

多重方案比較

分析及選擇
(Alternative
Plan)

遇到重大決策問題,應該要以不同的角度、不同的觀點、不同的條件,提出多重方案(甲案、乙案、丙案),作為比較分析及最後的抉擇。

決策團隊

不同的角度、不同的觀點、不同的條件

甲案

乙案

丙案

知識
維他命

關鍵成功因素分析

關鍵成功因素分析 (Key Success Factor, KSF) 是指經營任何企業或行業,一定會有其關鍵成功因素,此成功因素將可提升企業的競爭能力,使企業在同質性產業中勝出。例如家樂福量販店,以大量進貨方式取得與供應商議價的優勢,大幅降低每種品項的進貨成本,此低成本策略即是家樂福在量販業中的主要競爭優勢,也是關鍵成功因素之一。

貼心叮嚀

1. 賈伯斯說:「求知若渴,虛懷若谷」。

2. 紀律很重要,有紀律性的學習、有紀律性的進步、有紀律性的目的,最後一定成功。

3. 把握現在,投資未來。

4. 每一天學習一件事、一個觀念,一年就有 365 件事及觀念,十年就有 3,000 多件事及觀念。這些事及觀念,終有一天在工作上會用到的。

三十九、重複問「為什麼」，發掘真正問題

豐田汽車創辦人之所以能夠成功，在於他會追根究柢，重複問五次「為什麼」？

為什麼？	原因
(1) ←	
(2) ←	
(3) ←	
(4) ←	
(5) ←	

然後發掘隱藏的真正問題，找出問題背後的原因。

四十、Trade-off (抉擇、選擇)

公司資源是有限的，公司面對的環境是多變的，公司的對策也可以是多種的；但是最終只能擇一而定時，就必須做 Trade-off (抉擇、選擇)，然後堅持下去。

四十一、圖示法、表格法

圖示法、表格法遠比一堆文字表達為佳。前者是指條形圖、Pie 圖、曲線圖、邏輯樹圖、魚骨圖等。後者則是以表格方式表示出數字、百分比、結構比等變化。

四十二、3C 分析法

所謂 3C 分析法分別是指 1.Consumer：消費者分析、顧客分析 (了解顧客需求)；2.Competitor：競爭者分析 (了解競爭對手狀況)，以及 3.Company：公司自我條件分析 (了解自己狀況)。

四十三、顧客導向／市場導向分析法

Consumer Orientation (顧客導向) 是一切企業經營與市場行銷問題解決的核心本質所在。公司是為了顧客而存在，贏得顧客，公司才能存活下去。

四十四、知識→常識→見識→膽識分析法

(一) **知識**：課本、書上的學問與知識必須足夠。

(二) **常識**：除了自己事業的知識與技術之外，必須還有其他多元面向的常識，要多觀察、多與別人交談、多看電視、多看書報雜誌、多上網查詢瀏覽。

(三) **見識**：多歷練、多做事、不經一事不長一智，真正做過一遍後，才會有真正的體會，並成為自己的能力。

(四) **膽識**：前三者都具備了之後，就會有膽識、就會當機立斷、就會做出正確決策、就會有直覺觀、就會有勇氣面對一切變化。

圖示法與表格法

圖示法

條形圖

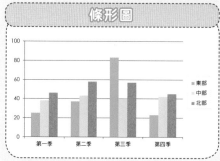

Pie圖

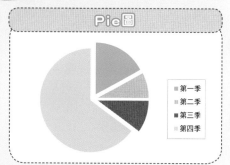

曲線圖

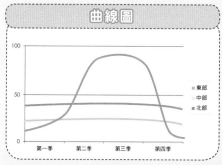

邏輯樹圖

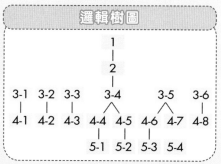

魚骨圖

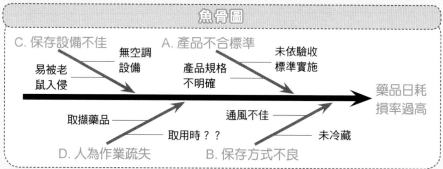

表格法

	第一季	第一季	第一季
每股盈餘	12.95	20.65	22.03
營業毛利率	10.05%	19.60%	21.35%
稅前淨利率	7.50%	10.30%	13.80%

四十五、廣度、高度、深度、遠度分析法

各層主管發現問題、分析問題及解決問題，必須站的高、看的遠、看的深，才能夠領導企業走得長遠。

四十六、獨立思考能力分析法

身為一個領導者與管理者，要多思考、要建立自己的獨立思考能力，不要人云亦云，毫無自己的見解、分析與判斷力。獨立思考能力包括：1. 要周延、要完整、不要缺漏；2. 要全方位、要各面向；3. 要有自己的想法，以及 4. 要深度看問題。

四十七、知識＋經驗＋思考＋常識

知識＋經驗＋思考＋常識→最終，要能融會貫通、舉一反三、無所不至、直觀力 (直覺力)。

四十八、成功的人生方程式

怎樣的人生才算成功呢？成功的人生方程式是不斷設定目標，加上高能力、正確觀念、極度熱情，並專注的努力而達成的。

四十九、鎖定強項、做有勝算的事

找出自身強項，專注最有勝算的事。企業經營是如此，個人職業生涯亦是如此。

五十、管理＝科學＋藝術

就企業實務來說，管理其實是兩個組合而成的內涵，包括理性的科學、感性的藝術。理性是針對事情的管理，而感性是針對人的管理；也就是我們常講的「做人，做事」的道理。一個管理者若能兼具理性科學與感性藝術，其做人做事必會成功。

五十一、會議召開法 (給予各部門、各級主管適當壓力)

會議的召開，主要在給予各部門、各級主管適當壓力，以達到主管及老闆追蹤工作執行狀況，以及檢討營運績效與研討對策，包括 1. 全公司每週一次召開一級主管會報 (會議)；2. 業務部 (營業部) 每天傍晚召開內部會議；3. 跨公司每月一次關係企業資源支援會議；4. 海外子公司 (公司、工廠) 每週一次主管會報 (視訊電話會議)，以及 5. 其他各部門內部定期或不定期機動會議。

廣度／高度／深度／遠度分析

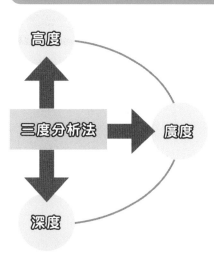

三度分析法 ➡ 廣度

高度

深度

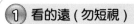

各層主管

發現問題、分析問題及解決問題，必須

① 看的遠（勿短視）

② 站的高（要有高度、勿矮化）

③ 看的深（勿淺度、膚淺化、表面化）

才能夠領導企業走得長遠

成功的人生方程式

目標
不斷設
定目標

＋

能力
高能力

＋

觀念
正確觀念

＋

熱情
極度熱情

＋

專注
專業

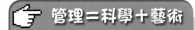
👉 管理＝科學＋藝術

 管理　＋　 科學　＋　 藝術

（數字管理）
（數字會說話）
（資訊化）
（標準化）
（制度化）

（人性化）
（做人處事道理）
（良好人脈存摺）

1-8　P-D-C-A 管理循環

實務上，「管理」(Management) 經常被解釋為最簡要的 P-D-C-A 四個循環機制；也就是說，身為一個專業經理人或管理者，他們最主要的工作，即是做好每天、每週的計畫→執行→考核→再行動等四大工作。

一、P-D-C-A 管理循環之進行

問題是如何進行 P-D-C-A 的管理循環？以下步驟可供遵循：

(一) **要會先「計畫」(Plan)**：計畫是做好組織管理工作的首要步驟。沒有事先思考周全的計畫，做事情就會有疏失、有風險。所謂「運籌帷幄，決勝千里之外」，即是此意。

(二) **然後要全力「執行」(Do)**：說很多或計畫很多，但欠缺堅強的執行力，管理很容易變得膚淺，無法落實。執行力是成功的基礎，有強大執行力，才會把事情貫徹良好，達成使命。

(三) **接著要「考核、追蹤」(Check)**：管理者要按進度表進行考核及追蹤，才能督促各單位按時程表完成目標與任務。考核、追蹤是確保各單位是否如期如品質的完成任務。畢竟，人是需要考核，才能免於懈怠。

(四) **最後要「再行動」(Action)**：根據考核與追蹤的結果，最後要機動彈性調整公司與部門的策略、方向、作法及計畫，以再出發、再行動，改進缺點，使工作及任務做的更好、更成功、更正確。

二、O-S-P-D-C-A 步驟思維

任何計畫力的完整性，應有下列六個步驟的思維，必須牢牢記住：

(一) **目標／目的 (Objective)**：1. 要達成的目標是什麼？以及 2. 有數據及非數據的目標區分如何？

(二) **策略 (Strategy)**：1. 要達成上述目標的競爭策略是什麼？以及 2. 什麼是贏的策略？

(三) **計畫 (Plan)**：研訂周全、完整、縝密、有效的細節，執行方案或計畫。

(四) **執行 (Do)**：前述確定後就要展開堅強的執行力。

(五) **考核 (Check)**：查核執行的成效如何，以及分析檢討。

(六) **再行動 (Action)**：調整策略、計畫與人力後，再展開行動力。

另外，值得提出的是，在 O-S-P-D-C-A 之外，共同的要求是必須做好兩件事：一是應專注發揮我們自己的核心專長或核心能力 (Core Competence)；二是要做好大環境變化的威脅或商機分析及研判。如此一來，計畫力與執行力就會完整，這樣才能發揮管理的真正效果。

P-D-C-A管理循環

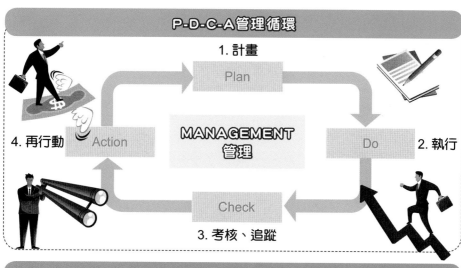

1. 計畫
Plan

MANAGEMENT
管理

2. 執行
Do

4. 再行動
Action

3. 考核、追蹤
Check

完整O-S-P-D-C-A 6步驟思維

O　目標／目的 (Objective)
・要達成的目標是什麼？
・有數據及非數據的目標區分如何？

S　策略 (Strategy)
・要達成上列目標的競爭策略是什麼？
・什麼是贏的策略？

P　計畫 (Plan)
・研訂周全有效的細節執行計畫

D　執行 (Do)
・展開執行力

C　考核 (Check)
・查核執行成效如何並分析檢討

A　再行動 (Action)
・調整策略、計畫與人力後，再展開行動力

洞見

外部大環境各項因素不斷變化的意涵、威脅或商機是什麼？

➕

抉擇／堅守

公司自身最強的核心專長、核心能力之所在，然後聚焦攻入取得戰果。

實務上的「管理」定義與層次

　　「管理」泛指經由他人力量去完成工作目標的系列活動，是「管」人去「理」事的方法。能「管人」去處理事務的人，就必須是眾人之上的領導者，就必須會「做人」，得到部屬服從。處理事務就是「做事」，聽從指揮命令去做事的人，就必須擁有操作管理技術。因此，一個好的管理者，是既會「做事」，更會「做人」。

一、從實務面談管理的定義

　　(一) 管理最終目的，在發揮群體力量：管理是講求凝聚「群力」的方法，是「人上人」的才能；技術是講求提高「個力」的方法，是「人下人」的才能。群力的發揮必須有好的個力為基礎，但好的個力，不一定自然形成好的群力；若無好的管理，可能成為一盤散沙或相互對抗的力量。一個好的管理者，本身必須先是會「做事」的技術擁有者，同時也必須是會團結眾人力量會「做人」的人。做人與做事成為管理與技術的互換字。先有技術，會「做事」，再會「做人」(處理上級、平行及下級人際關係)，才能成為好的管理者。

　　(二) 好的管理者要有三種能力：一個好的管理者，必須擁有三種能力：1.做事的「專業技能」；2.做人的「人性技能」，以及3.做主管的「觀念決策技能」。

　　(三) 不同年齡就業階段，有不同的技能需求：當年輕時，於別人的基層下屬謀職求生時，「做事」的技術本領，比「做人」的藝術才能重要。年壯時，當年輕部屬的上司領導人，同時也當資深年長領導者的下屬，成為社會企業的中間及中堅幹部時，「做人」的藝術才能漸形重要，和「做事」的技術才能同等重要。當年長資深時，成為更多人的高層領導者，為企業集團或國家社會機構的領航員時，「做人」的藝術才能要比「做事」的技術才能重要。

　　換言之，當一個人漸從「人下人」的技術操作員往上升等，成為「人上人」的管理人員時，他「做人」的才能漸重，「做事」的才能漸輕。但無論如何，企業有效經營的管理者，既要會「做人」(管眾人去做事)，又要會「做事」(眾人會做事以賺錢)。企業有效經營，既要「技術」，更要「管理」。

二、管理在企業經營面的三種層次

　　(一) 經營層：各部門副總經理、總經理、董事長等層級，需要的是事業創新、事業策略、事業經營、事業願景等領導能力，重視的是經營能力。

　　(二) 管理層：各部門副理、經理、協理、總監、廠長等層級，需要的是自身單位的執行面管理、規劃面管理與績效面管理，重視的是一般化管理能力。

　　(三) 作業層：各部門、各廠、各分公司、各店面的基層執行與操作人員，需要的是員工的專業能力與貫徹執行力。

實務上對管理涵義的詮釋

成功管理者
(Successful Manager)　　做事專業　＋　做人成功

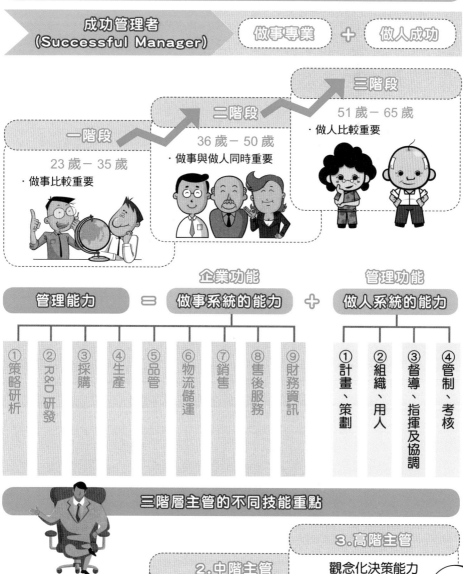

一階段
23 歲－35 歲
‧做事比較重要

二階段
36 歲－50 歲
‧做事與做人同時重要

三階段
51 歲－65 歲
‧做人比較重要

管理能力	＝	企業功能 做事系統的能力	＋	管理功能 做人系統的能力

做事系統的能力
①策略研析　②R&D 研發　③採購　④生產　⑤品管　⑥物流儲運　⑦銷售　⑧售後服務　⑨財務資訊

做人系統的能力
①計畫、策劃　②組織、用人　③督導、指揮及協調　④管制、考核

三階層主管的不同技能重點

1.基層主管
專業技術
(Professional Skill)

2.中階主管
人性化技術
(Human Skill)

3.高階主管
觀念化決策能力
(Conceptual Skill)

Date _____/_____/_____

第 2 章
人才缺乏與人才管理

　　根據以下多家知名企業顧問公司對未來最有可能影響企業營運的調查顯示，人才是厚植企業核心的競爭力。而未來企業最大挑戰是缺乏人才。

一、知名企業顧問公司對人力資產調查

　　(一) 麥肯錫企業顧問公司調查：未來最有可能影響企業營運有三點，一是人才競爭激烈，並走向全球化，將上演一場人才爭奪戰。二是經濟活動全球化、區域化。三是與科技聯結度上升。由該公司以下調查報告得知，好人才，可幫企業增值，一是在一家人才管理佳的企業，年度股東投資收益平均，會比該產業平均值高 22%。二是聘請好的人才，可以增加很多額外的價值。

　　(二) 惠悅企業顧問公司調查：未來驅動公司成長最重要三項行動是拓展產品、進入新市場、招募更多市場行銷人員。而國內外企業普遍面臨的四大問題是無法吸引合適人才、缺乏接班人計畫、關鍵技術人才流失、無法根據績效差異化激勵。總之，人才是企業的核心，尤其現今全球及兩岸人才爭奪戰打得火熱，人才養成，才能厚植企業核心競爭力。

　　(三) IBM 全球人力資產報告：當前企業最重要三項人才管理議題是缺乏具備領導潛力人才、員工技術無法面對未來市場需求、員工技能與企業需求不一致。

　　(四) DDI 人力資源顧問公司調查：若領導力表現都突出，策略執行的成功率將可提升 22%；亦即人才的定義是要具備領導力。

　　(五) 臺灣的調查：臺灣新手主管的領導與管理技巧是「摸出來」的，即 1.82% 主管是透過工作上的嘗試錯誤、2.74% 是向直屬上司學習、3.59% 觀察他人、4.56% 研讀書籍。

二、優秀領導者對人才的看法

　　前 GE 執行長傑克・威爾許說：「人才管理公司，是公司策略的第一步。人才對了，公司策略就會對。」CEO 要花至少 50% 時間，去挖掘、發現及培育人才。

　　而臺灣區易利信總經理曾詩淵則認為，人才拼圖，才能拼出團隊戰力。他表示找人才，就像拼圖一樣，只要每塊拼圖都找齊拼對，團隊作戰能力就會出來了。廣納人才為己所用，是企業茁壯的根本。高階主管面對未來，必須知道自己「能」做什麼，以及「不能」做的部分拼圖拼齊了，就可以強化團隊作戰能力。但是，高階經理人必須有胸襟及氣度，引進新的團隊人才。在知識經濟時代，每個人都必須隨時充電。易利信公司是將人才視為公司的資產而不是工具，工具用完即丟，不好用或不能用了也丟。公司必須利用不同方式及管道，不斷培養人才，並讓此項資產增值。對於人才的愛惜及培養，是易利信的企業文化。

企業缺乏領導力人才

企業
最大問題　➡　欠缺具有：
領導力人才！

人對了！　➡　企業策略
就會對！

好人才！　➡　可以幫
企業增值！

人才拼圖！　➡　才能拼出
團隊戰力！

ASUS華碩施崇棠董事長挑選接班人必須5項全能

華碩施崇棠的「未來企業領袖」5項祕笈

項目	簡述
1.主動積極的人生觀	• 如 1995 年華碩以小蝦米之姿挑戰大鯨魚英特爾，以此帶領華碩衝破難關
2.專注的紀律	•像愛因斯坦的 E＝MC2 •專注就是王道
3.全腦的修鍊	•像達文西、蘋果執行長賈伯斯都是代表 •在左腦理性與右腦感性間取得平衡點
4.帶心的領導藝術	•人是公司最重要的資產 •領導人必須誠心以待
5.知易行難的商業智慧	•商業經營常面對決策誘惑 •「讓客戶快樂永遠是最重要的事」，反而被忽略

資料來源：施崇棠

人才管理

成為世界級企業的關鍵，請先備妥你的全球化經理人團隊。因為人才，是企業全球化的成功關鍵。

一、全球人才爭奪戰

根據天下雜誌調查，「跨國管理人才不足」，是臺灣企業邁向國際化的最大挑戰。亞洲企業執行長的挑戰報告指出，「網羅勝任的管理人才」，是亞洲企業領導者的首要挑戰。惠悅人資公司研究報告指出，全球 70% 的受訪企業面臨如何吸引具備關鍵能力人才的難題。

因此，臺商如何在全球化戰場勝出的關鍵有以下三點，一是如何建立「全球化經理人」的人才庫。二是如何培養發展具「全球化思維」的管理人才。三是快速往世界級企業推進的管理能力。

二、中國聯想電腦集團柳傳志主席對三種階層幹部看法

(一) 初中階主管，管人比管自己重要：成為管理者與個別工作者角色上最大的不同是，應該跳脫自我，做好所屬單位規劃，人員分派與職務設計的工作；然後達成組織賦予的目標任務。

(二) 高階主管，培養大格局能力：高階主管負責的是生意 (Business) 與整個集團 (Group) 的管理。要著重提升高階主管 (副總經理以上) 大格局的策略規劃能力，不斷開拓新事業、新商機，追求不斷的成長性。

(三) 董事長、總經理的人才任務：企業最高主管或老闆，應當去僱用最棒的人，而不是將就還可以的人。

三、網住人才，是未來企業最重要的任務

麥肯錫的調查顯示，找到優秀人才是未來最重要的管理議題；預期人才競爭、人才挖角將趨激烈，而且競爭將走向國際化。例如，新加坡來臺高薪挖角醫生及科技人才；中國大陸則是來臺高薪挖角高科技研發人才及服務業經營管理人才。

四、中高階主管在人才管理應關切的條件

所謂人才管理就是企業辨識、吸引、發展及留用這些具備「高潛能」與「核心技術」的關鍵人才所做的管理措施。人才對象以拔尖人才及優越人才為主。

而人才管理有以下三條件，一是主管應具備僱用優於自己人才的意願與能力。二是主管應具備僱用「三顧茅廬」爭取人才的能力。三是主管應具備培養人才的能力。這三個條件都可以在實務上找到實例。

個人職業生涯發展理想6階段

- 延伸技能的深度與廣度
- 晉升基層主管
- 逐步換到中大型穩定企業

1.培育期
25 － 30 歲

- 跟長官、前輩多學習
- 培養基本技術與行業技術

2.成長期
30 － 35 歲

- 切勿再輕易轉職，除非高薪挖角
- 培訓人才，制定策略
- 與老闆建立好忠誠關係
- 晉升高階主管

3.開花期
35 － 40 歲

- 晉升中階主管
- 身為領導主管
- 提升戰略性思考與規劃能力
- 擁有多元核心能力

4.結果期
40 － 45 歲

- 轉任顧問或公益團體義工
- 準備隨時可退休
- 放眼四海，諸法皆空

5.收割期
50 － 60 歲

- 穩定人生
- 教導後進員工幹部
- 擔負更高、更大工作任務
- 薪水達到人生最高點

6.收穫期
60 歲以後

企業應建立一條未來人才補給站

課長　副理　經理　協理、總監、處長　副總經理　總經理

有潛力的各部門人才員工，依照培訓及歷練路徑，逐步接班。

各階主管有不同要求重點

- 企圖心　高階主管
- 上進心　中階主管
- 責任心　初階主管

人才管理3條件實例

1. 傑克・威爾許
領導者最重要職務之一，即是要「樂於網羅聰明才智勝於自己的人才」；但這不容易做到。

2. Nike 創辦人奈特
為了爭取人才，公司高階主管及老闆應該親自出馬。

3-1. 傑克・威爾許
領導的重點在於培訓人才。

3-2.Dell 戴爾
每一個人都有責任為自己的工作尋找能幹的接班人。

　　國內知名的「今周刊」，曾在一次封面專題報導中，指出作為一名員工，如何能夠讓老闆賞識你、重用你、拔擢你、加薪你，那你應該努力做好下面「四個力」(總計三十件事)，值得年輕上班族們仔細深思。

　　你要人生成功，就要想到你是否能做好這三十件事，如果都能做到，那你就是具有能讓老闆放心把工作交給你的「回報力」、讓老闆認同你工作有擔當的「成熟力」、讓老闆覺得你有積極自主的「執行力」，以及讓老闆認為你是有發展潛能的「成長力」這「四個力」。

　　由於本主題內容豐富，特分兩單元彙整介紹，以供讀者參考。

一、讓老闆放心把工作交給你的「回報力」

　　如何讓老闆放心把工作交給你呢？如果你能做到下列六件事，就表示你具有「回報力」：一是希望你在被關切狀況之前，主動報告、交代現況；因為一般員工，總是想等工作完成才向老闆報告。二是希望你誠實以報，不要欲蓋彌彰；因為一般員工，總是有問題以後再說，先應付一下老闆。三是希望你有壞消息要提早講，同時提出解決方案；因為一般員工，總是時間到了才向老闆說行不通。四是希望你講重點前，先下個結論；因為一般員工，總是流水帳式的報告，還怪老闆沒耐心，打斷自己的話。五是希望你不要擅自下決策；因為一般員工，總是悶著頭先做再說。六是希望你和老闆商量過的事，能讓老闆知道後續；因為一般員工，總是嫌老闆囉唆，懶得回報。

二、讓老闆認同你工作有擔當的「成熟力」

　　如何讓老闆認同你工作有擔當呢？如果你能做到下列八件事，就表示你具有「成熟力」：一是希望你不要插嘴，把老闆的話聽到最後；因為一般員工，總是沒有仔細聽懂老闆的意思。二是希望你不要當面拒絕老闆交辦的事，聽命行事最好乾脆一點；因為一般員工，聽到難題，就急著回應沒辦法、有困難。三是希望你做事多用點腦子；因為一般員工，總是做事時考慮的細節不夠多。四是希望你上班時總是精神飽滿；因為一般員工，總是不自覺在工作時喊累與嘆氣。五是希望你的穿著打扮能夠合乎職場禮儀；因為一般員工，總是穿著打扮我行我素。六是希望你被罵時，不要在老闆盛怒之下頂嘴；因為一般員工，總是在被罵時急於辯解。七是希望你同樣的事不要讓老闆講兩次；因為一般員工，總是犯同樣的錯。八是希望你偶爾能和老闆分享你的想法；因為一般員工，總是遠遠躲著老闆，不願與老闆溝通。

讓老闆按讚與拔擢的4個力

拔擢

1. 回報力
2. 成熟力
3. 執行力
4. 成長力

回報力

1.
不要自己
擅自下決策！

2.
隨時讓老闆知道
你的工作進度及
狀況如何！

3.
主動報告，
誠實以報！

成熟力

1. 老闆說話，不要插嘴	5. 衣著勿太隨便
2. 不要當面拒絕老闆	6. 被老闆罵時，不要頂嘴、不要辯解
3. 做事，多用腦子，少用蠻力	7. 同樣的錯，不要犯二次
4. 上班不要在老闆面前喊累	8. 不要老遠躲著老闆

讓老闆按讚與拔擢的能力 II

除了前文的「回報力」、「成熟力」，能讓老闆認同你工作有擔當而放心地把工作交給你之外，你還必須讓老闆覺得你是具有積極自主、發展潛能的「執行力」與「成長力」。如此「四個力」俱備，你就能夠讓老闆賞識你、重用你、拔擢你、加薪你。

三、讓老闆覺得你有積極自主的「執行力」

如何讓老闆覺得你是積極自主的呢？如果你能做到下列十一件事，就表示你具有「執行力」：

一是希望你主動接下任務，拿出幹勁來；因為一般員工，總是不想做太麻煩的工作。

二是希望你懂得與同事合作，增加工作效率；因為一般員工，高估自己能力，凡事攬在身上，影響工作進度。

三是希望你交出亮眼成績；因為一般員工，總是覺得能交差就好。

四是希望你不要對老闆解釋為什麼「做不到」，而是告訴老闆怎樣才能「做到」；因為一般員工，總是忙著解釋為什麼「做不到」。

五是希望你做事有計畫，而且動作要快；因為一般員工，總是動作太慢或臨時抱佛腳。

六是希望你能和其他部門合作，共同創造業績；因為一般員工，總是只想做自己的事。

七是希望你可以減少加班，又能搞定工作；因為一般員工，總是不想加班，卻無法搞定工作。

八是希望你不只是報告現況，還能比老闆的要求多做一點；因為一般員工，總是存著「有做就好」的心態。

九是希望你的提案至少有三款；因為一般員工，總是只有一款解決方案。

十是希望你的書面報告能夠好好寫；因為一般員工，總是只想簡單寫。

十一是希望你勤於經營與工作有關的人脈；因為一般員工，總是只想與公司同事聊八卦、討論團購。

四、讓老闆認為你是有發展潛能的「成長力」

如何讓老闆認為你是有發展潛能的呢？如果你能做到下列五件事，就表示你具有「成長力」：一是希望你站在上司的立場思考公司的發展；因為一般員工，總是站在自己角度想事情。二是希望你讓老闆看到絕不輕言放棄的毅力；因為一般員工，總是工作遇到困難就想逃避。三是希望你自動自發精進專業知識與能力；因為一般員工，總是滿足現狀缺乏進步動力。四是希望你不要攬下工作獨自苦幹，要多善用團隊的力量；因為一般員工，總是埋頭苦幹，沒想到可以分工合作。五是希望你虛心接納他人的意見，保持讓自己「變更好」的彈性；因為一般員工，總是不想接受批評與建議，排斥創新與改變。

讓老闆按讚與拔擢的4個力

執行力

1. 主動接下任務，拿出幹勁來！

2. 能交出亮眼的執行成績單！

3. 做事有計畫，而且行動快，效率高！

成長力

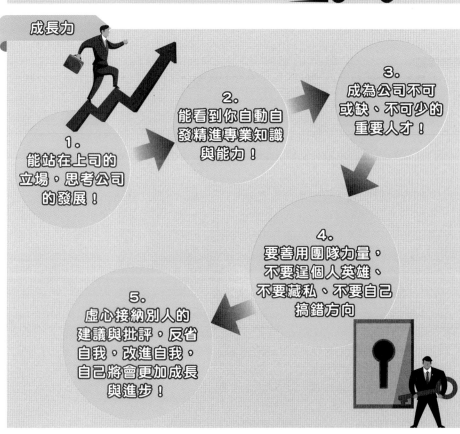

1. 能站在上司的立場，思考公司的發展！

2. 能看到你自動自發精進專業知識與能力！

3. 成為公司不可或缺、不可少的重要人才！

4. 要善用團隊力量、不要逞個人英雄、不要藏私、不要自己搞錯方向

5. 虛心接納別人的建議與批評，反省自我，改進自我，自己將會更加成長與進步！

Date _____/_____/_____

第 3 章
破壞式創新
與管理

國內外破壞式創新代表企業

我們對「創新」一定不陌生，但什麼是創新？為什麼既有創新又有破壞呢？

一、創新有兩種

華碩施崇棠董事長認為創新有以下兩種：

(一) 維持性創新：即在既有思維上注入創新元素，是在本業上持續性精進。

(二) 破壞性創新：即跳脫原有框架，思考各種全新可能性。

二、何謂破壞性創新

所謂「破壞性創新」是一種以非連續性而是跳躍性的創新，利用新科技、新技術或新服務，發展出既有市場上從未看過或想過的新產品或新服務或新營運模式 (Business Model)，而開創出嶄新市場，並受到消費者歡迎。

三、全球最成功破壞性創新代表

Apple 蘋果公司是全球最成功的破壞性創新代表，它的 Ipod，一舉破壞了傳統隨身聽；然後研發 iphone，破壞非智慧型傳統手機；最近的 ipad，則是大大破壞 PC.NB 電腦產業。

除了 Apple 蘋果公司是全球最具破壞性創新代表之外，還有其他全球成功破壞性創新代表公司，包括美國 Google 公司、美國 YouTube 公司、美國 Facebook (臉書) 公司、大陸阿里巴巴 (B2B) 中小企業貿易平臺網站、Amazon (亞馬遜) 購物網站、大陸淘寶網站 (B2C 及 C2C)、臺灣 PChome 網路公司 (B2C) 及 PChome 商店街市集公司 (B2B2C)。

四、日本破壞性創新產品

日本的數位照相機、液晶電視機可說是破壞性創新產品的代表。日本 Sony、Canon 的數位照相機，取代傳統底片照相機；Panasonic 的液晶平面電視機，取代傳統 CRT 電視機。

五、臺灣破壞性創新代表

統一超商是臺灣破壞性創新代表，包括賣鮮食產品 (關東煮、御便當、義大利麵、沙拉、漢堡、三明治、冷凍微波食品)、賣自有品牌 (7-SELECT 產品)、引進 ATM 機、icash 卡＋悠遊卡、ibon 機、各項服務性帳單繳費、網購商品代放點、設立餐桌條 (大店)、7net 網購、量販代購、洗衣便 (洗衣代收) 等都是統一超商的創新之舉。

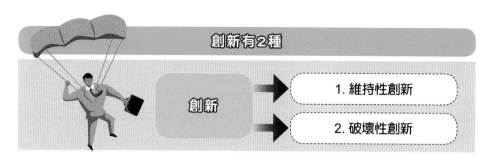

創新有2種

創新 →
- 1. 維持性創新
- 2. 破壞性創新

破壞式創新典範公司

③ YouTube
④ Google
⑤ Amazon
② Facebook
⑥ 統一超商
① Apple 公司
⑦ LINE

破壞式創新典範公司

全球最成功破壞性創新代表——Apple蘋果公司

Ipod → iphone → ipad

破壞傳統隨身聽　　　破壞非智慧型傳統手機　　　破壞 PC.NB 電腦產業

日本破壞性創新產品——數位照相機、液晶電視機、LINE

Sony		數位照相機	→	取代傳統底片照相機
Canon				
Panasonic		液晶平面電視機	→	取代傳統 CRT 電視機
LINE	→	免費即時通訊軟體、可愛貼圖、官方帳號廣告		

我們在實務上會發現有些企業不斷在講求創新、要創新、更創新,但最後卻像掉進一個黑洞不見了,為什麼呢?以下克里斯汀生教授有更精確的觀察。

一、克里斯汀生教授的觀察

克里斯汀生教授認為企業界對創新定義,大部分陷入傳統窠臼。

大多數企業經營者思考的是不斷追求更好的產品、技術及流程,但破壞性創新是跳脫既有思維,把眼光瞄準尚未被發現的新市場。

很多成功企業,經過十、二十、三十年後,常會掉到後頭,甚至消失,為什麼?是被破壞性創新取代了!

例如,美國柯達、日本櫻花的傳統相機及底片沖洗行業,被數位照相機取代了;再如,傳統 PC 行業被 NB 及 ipad 平板電腦取代了。

二、臺灣美商 3M:創新的典範

臺灣美商 3M:創新的典範——策略行銷總經理余鵬是這麼做的。他每年投注營業額 5% ～ 6% 在研發上。在臺灣的知名品牌,包括便利貼 (post-it)、Nexcare 保健用品、魔布拖把等。

余鵬認為,企業創新概念有以下四面向,即技術創新、產品創新、組織創新,以及商業模式創新。因此,3M 全球 7.5 萬名員工,都植入創新 DNA。余鵬認為,太多的管理會扼殺員工創意,重視員工的多樣化,並激發員工創意潛能,公司才能成功。所以,3M 的企業文化,就是只有兩個字:創新。

而尋求創新點子,只有三條路:一是到市場去;二是到現場去;三是員工的腦力激盪。

3M 創新容忍員工「犯錯」,不必苛責。只要員工成長,企業就會成長,投資員工,是企業成長最重要途徑。

小博士的話

臺灣其他破壞性創新代表

除了前文提到統一超商是臺灣破壞性創新代表之外,還有以下企業也是臺灣破壞性創新的代表:
1. 華碩 ASUA EeePC (在 ipad 未出來之前)。
2. 宏達電 HTC 智慧型手機。
3. 華碩公司成立「達文西創新實驗室」,投入「破壞性創新」產品開發。

克里斯汀生教授對企業創新的觀察

很多成功企業創新後，為什麼不見了？

企業持續勝出的關鍵

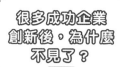

跳脫既有思維，把眼光瞄準未被發現的新市場

將創新陷入傳統窠臼

破壞性創新

👉 企業創新概念 4 面向

企業創新概念4面向

1. 技術創新

2. 產品創新

3. 組織創新

4. 商業模式創新

尋求創新點子3方式

創新點子

1. 到第一線市場去看、去想

3. 找消費者及顧客做市場調查

2. 員工提案及腦力激盪

Date _____/_____/_____

附錄

附錄 1　彼得・杜拉克簡介

　　彼得・杜拉克 (Peter Ferdinand Drucker；1909 年 11 月 19 日～ 2005 年 11 月 11 日) 是一位奧地利出生的作家、管理顧問，以及大學教授，他專注於寫作有關管理學範疇的文章，「知識工作者」一詞經由彼得・杜拉克的作品變得廣為人知。他催生了管理這個學門，他同時預測知識經濟時代的到來。他被某些人譽為「現代管理學之父」。杜拉克的言論和政治立場一直屬於保守派。

一、彼得・杜拉克小檔案

出生：1909 年 11 月 19 日，奧匈帝
　　　國維也納。
逝世：2005 年 11 月 11 日 (95 歲)，
　　　美國加州克萊爾門。
職業：大學教授、管理顧問
國籍：美國
體裁：管理學

二、簡歷

- 1909 年出生於奧地利維也納的知識分子家庭，父親是奧地利哈布斯堡王朝官員、母親是醫生，在奧地利及英國完成教育。
- 1929 年起，歷任報社的海外通訊記者。
- 1931 年，獲法蘭克福大學國際公法博士。
- 1937 年 4 月，杜拉克夫婦前往美國。
- 1941 年，任本寧頓學院教書。
- 1950 年，任紐約大學管理學教授，後轉往克萊蒙特大學教書退休。
- 彼得・杜拉克一直為歷屆美國總統擔任顧問。
- 彼得・杜拉克著作被譯為二十餘種語言，總銷售量超過六百萬本。
- 2002 年獲頒總統自由勳章，這是美國公民所能得到的最高榮譽。
- 2005 年 11 月 11 日，他在加州克萊蒙特家中逝世，享壽 95 歲。

三、學術成就

　　由於彼得‧杜拉克在管理學上的成就，被某些人尊稱為「管理學之父」，並且被保守派財經刊物推舉為「當代最不朽的管理思想大師」。但杜拉克的看法缺乏現代商學院學術論文的統計驗證要求。

- 英特爾總裁安迪‧葛洛夫說：「彼得‧杜拉克是一盞指引我們的明燈，他的著作讓我們走出迷霧找到方向。」
- 美國《商業週刊》稱讚他為：「當代不朽的管理思想大師。」
- 《華爾街日報》：「杜拉克是企業管理的導師。」
- 《經濟學人》：「大師中的大師。」

四、主要著作

　　杜拉克總共出版了三十多本管理方面的著作，並在《哈佛商學評論》(Harvard Business Review) 刊登了三十多篇論文，在這些著作中，比較有名的包括《管理的實踐》(The Practice of Management)、《成效管理》(Managing for Results)、《有效的管理者》(The Effective Executive)，以及《管理：任務、責任、實踐》(Management: Tasks, Responsibilities, Practices)。以下將其著作臚列於後：

1. 《經濟人的末日》(The End of Economic Man)，1939 年
2. 《工業人的未來》(The Future of Industrial Man)，1942 年
3. 《企業的概念》(Concept of the Corporation)，1946 年
4. 《新社會》(The New Society)，1950 年
5. 《管理實踐》(The Practice of Management)，1954 年
6. 《美國的下一個 20 年》(America's Next Twenty Years)，1957 年
7. 《明日的里程碑》(Landmarks of Tomorrow)，1959 年
8. 《成效管理》(Managing for Results)，1964 年
9. 《卓有成效的管理者》(The Effective Executive)，1966 年
10. 《不連續的時代》(The Age of Discontinuity)，1969 年
11. 《技術、管理與社會》(Technology, Management and Society)，1970 年
12. 《人、思想與社會》(Men, Ideas and Politics)，1971 年
13. 《管理：使命、責任、實務》(Management: Tasks, Responsibilities, Practices)，1973 年
14. 《看不見的革命》(The Unseen Revolution)，1976 年 (1996 年以《退休基金革命》(The Pension Fund Revolution) 重版)

15. 《人與績效：德魯克論管理精華》(People and Performance: The Best of Peter Drucker on Management)，1977 年
16. 《管理導論》(An Introductory View of Management)，1977 年
17. 《旁觀者：管理大師杜拉克回憶錄》(Adventures of a Bystander)，1979 年
18. 《毛筆之歌：日本繪畫》(Song of the Brush: Japanese Painting from the Sanso Collection)，1979 年
19. 《動盪時代中的管理》(Managing in Turbulent Times)，1980 年
20. 《邁向經濟新紀元及其他論文》(Toward the Next Economics and Other Essays)，1981 年
21. 《變動中的管理界》(The Changing World of the Executive)，1982 年
22. 《最後可能出現的世界》(The Last of All Possible Worlds)，小說，1982 年
23. 《行善的誘惑》(The Temptation to Do Good)，小說，1984 年
24. 《創新與創業精神》(Innovation and Entrepreneurship)，1985 年
25. 《新現實：政府與政治、經濟與企業、社會與世界》(The New Realities: in Government and Politics,in Economics and Business,in Society and World View)，1989 年
26. 《非營利組織的管理：原理與實踐》(Managing the Nonprofit Organization: Principles and Practices)，1990 年
27. 《管理未來》(Managing for the Future)，1992 年
28. 《生態遠景》(The Ecological Vision)，1993 年
29. 《後資本主義社會》(Post-Capitalist Society)，1993 年
30. 《巨變時代的管理》(Managing in a Time of Great Change)，1995 年
31. 《杜拉克看亞洲：德魯克與中內的對話》(Drucker on Asia: A Dialogue between Peter Drucker and Isao Nakauchi)，1997 年
32. 《德魯克論管理》(Peter Drucker on the Profession of Management)，1998 年
33. 《21 世紀的管理挑戰》(Management Challenge for 21st Century)，1999 年
34. 《德魯克精華》(The Essential Drucker)，2001 年

35. 《下一個社會的管理》(*Managing in the Next Society*)，
    2002 年
36. 《功能社會》(*A Functioning Society*)，2002 年
37. 《德魯克日誌》(*The Daily Drucker*)，2004 年
38. 《卓有成效管理者的實踐》(*The Effective Executive in Action*)，2006 年

五、管理學之父：彼得‧杜拉克 2005 年辭世，享年 95 歲

　　現代管理學之父彼得‧杜拉克說：「經理人是最有力量改變人類社會的一群。」

　　被全世界管理學尊奉為「大師中的大師」的管理學巨擘彼得‧杜拉克已經離開這個他熱愛的世界。杜拉克任教的克萊蒙特研究學院發言人表示，杜拉克於 2005 年 11 月 11 日在洛杉磯以東的克萊蒙特家中安詳辭世，享年九十五歲。

　　前美國眾議院議長金瑞奇說：「他是 20 世紀最重要的管理學及公共政策的開創者，這三十多年來，我受教於他，跟他談話跟他學習，他是無價的，也是無可取代的。」哈佛大學管理學院教授米爾斯說：「他是一個極有智慧的領導者。」

六、堅持「對人類的終極關懷」

　　2005 年 11 月 11 日，杜拉克在家中去世。到了 11 月 28 日，美國《商業周刊》(*Business Weeks*) 以杜拉克的遺照做封面，標題就是「發明管理的人」(The Man Who Invented Management)。這是具全球影響力的媒體，正式向世人宣告：一代大師彼得‧杜拉克就是發明管理學的人。

　　杜拉克是世界最偉大的管理哲學思想家，他有非凡洞察力，提出的目標管理與自我控制與聯邦分權化等主張。這些創見在管理的思想上和實務上，都產生了巨大的影響力。難怪查理士‧韓第曾說：「杜拉克是第一位管理大師，也是最後一位管理大師。」

　　直到最後一刻，多年來杜拉克因腹部的惡性腫瘤而苦，2004 年還摔傷了髖部。無怪乎他常說：「人不用祈求長壽，只求能走得輕鬆就好。」回顧杜拉克的一生，最讓人佩服與崇敬的，並不是他的四十一本巨著，也不是他發明了「管理」，更不是影響或改變了這個世界，而是他堅持「對人類的終極關懷」。就算是他臥病在床、離世前依然如此。

國內知名的講座教授許士軍，曾列出下列四點彼得・杜拉克對全球管理學啟蒙的貢獻，茲臚列如後，以供參考。

一、管理觀念和理論乃根植於管理現實上

首先，他所發展的管理觀念和理論乃根植於管理現實上，而非純粹抽象的原則和原理。如同在 1997 年《富比士》一篇有關他的文章題目所稱，他是「就事實論事」("Seeing Things as They Really Are," March 10)。

基本上，他認為管理是一門實務——也就是追求成效的一種實務功能，這可自他 1954 年的巨著《管理的實踐》(The Practice of Management) 以及 1964 年《成效管理》(Management for Results) 兩書的書名中看出。因此，他對於管理的討論是整體性的，譬如企業對於社會的功能和貢獻、企業的經營使命、董事會的組織和功能、如何發展企業為一創新性組織，以及近日所提出有關企業經營模式 (business model) 之討論等這些課題。

然而，他並未忽略理論的價值；他認為，實務要以理論做基礎，因此他們是可以利用科學方法加以研究、學習和傳授。不過，將理論應用到實務上時，其對象都是某些特定和獨特的個案，有賴管理者之經驗和洞察力。因此有關管理究屬科學還是藝術的辯論，在他看來，是沒有意義的。

二、將員工視為一種最重要的資源

其次，他將管理的重心自資金、機器與原料轉移到人身上，他將員工視為一種最重要的資源，而非成本。

他將人員視為是有血有肉的「完整的人」(a whole man)。他說：「每個企業都是由人組成的，這些人具備不同的技能與知識，執行各種不同種類的工作」。因此，管理是關乎人的。

管理的任務，就是要讓一群人有效發揮其長處，盡量避開其短處，從而讓他們共同做出成績來。

因此，他重視人性，以及影響行為的文化因素，也認為沒有任何決策比用人決策的影響更深遠。在他的管理學中，對於人的價值觀、成長及發展等課題的重視，是十分突出的。

三、提升管理為推動和引領機構不斷變革以適應潮流的一種力量

　　他將管理自一種謀取利潤的手段提升為決定現代社會生存與發展之最具關鍵性因素。他認為，在今後劇烈變動的環境中，管理為推動和引領各種機構不斷變革以適應環境潮流的一種力量。

　　早在 1954 年《管理的實踐》一書中，他即對於此後的美國能否繼續其經濟榮景並保持其世界上之領導地位、開發中國家能否擺脫貧窮進入民主而開放的社會，甚至有關今後世界和平和人類前途等，都和這社會能否培育出有能力而盡責的管理階層存在有密切關係。由於他的大聲呼籲，不但使各國社會和政府對於管理給予高度的重視，也使得管理成為一門受人尊敬的學域。

四、對管理未來發展的洞察力無與倫比

　　他對於管理未來發展的洞察力是無與倫比的。譬如，他極早指出世界走向全球化的趨勢及其對社會與企業的影響；他提出民營化主張早於英國柴契爾夫人；他大聲呼籲組織應重視創新和創業精神之培育與應用；他更在四十年前就提出「知識社會」與「知識工作者」的名稱和其重要意義。

　　除了這些重大潮流或趨勢以外，杜拉克也是最早倡議目標管理和自我控制構想，以及建議發展以資訊為基礎的組織的學者。

　　他這種前瞻眼光和洞察力固然屬於他的個人特質，恐怕也和他所擁有的人文社會背景與人生歷練有關。

　　在 1997 年 3 月 10 日《富比士》所刊出一篇有關他的文章中即感佩地說：「儘管他目前已臻八十七高齡，但是他的思想卻可能是當今美國人中最年輕的──也是最清晰的一個。」當非溢美之辭！

最實用 圖解

五南圖解財經商管系列

※最有系統的圖解財經工具書。

※一單元一概念，精簡扼要傳授財經必備知識。

※超越傳統書籍，結合實務與精華理論，提升就業競爭力，與時俱進。

※內容完整、架構清晰、圖文並茂、容易理解、快速吸收。

五南文化事業機構
WU-NAN CULTURE ENTERPRISE

地址：106台北市和平東路二段339號4樓
電話：02-27055066 ext 824、889

http://www.wunan.com.tw/
傳真：02-27066100

國家圖書館出版品預行編目資料

圖解彼得杜拉克・管理的智慧／戴國良著.--
初版--.--臺北市：書泉，2014.07
面；　公分
ISBN 978-986-121-922-6（平裝）

1.杜拉克(Drucker, Peter Ferdinand, 1909-2005)
2.學術思想　3.企業管理

494　　　　　　　103007589

3M65

圖解彼得杜拉克・管理的智慧

作　　　者─ 戴國良

發 行 人─ 楊榮川

總 編 輯─ 王翠華

主　　　編─ 侯家嵐

責任編輯─ 侯家嵐

文字編輯─ 邱淑玲

封面設計─ 盧盈良

內文排版─ 張淑貞

出 版 者─ 書泉出版社

地　　　址：106台北市大安區和平東路二段339號4樓

電　　　話：(02)2705-5066　　傳　　　真：(02)2706-6100

網　　　址：http://www.wunan.com.tw

電子郵件：shuchuan@shuchuan.com.tw

劃撥帳號：01303853

戶　　　名：書泉出版社

經 銷 商：朝日文化

進退貨地址：新北市中和區橋安街15巷1號7樓

TEL：(02)2249-7714　　FAX：(02)2249-8715

法律顧問　林勝安律師事務所　林勝安律師

出版日期　2015年 7 月初版一刷
　　　　　2016年11月初版三刷

定　　　價　新臺幣350元